科学者が書いた

ワインの秘密

身体にやさしいワイン学

清水健一

PHP文庫

○本表紙図柄＝ロゼッタ・ストーン（大英博物館蔵）
○本表紙デザイン＋紋章＝上田晃郷

イントロ——ワインは難しい？

昨日は飲みに飲んだものでワイン３本。起きたら目覚めスッキリなので執筆に取り掛かります。ＢＧＭは我々ロックミュージシャンにとって不朽の名作、プロコルハルムの「青い影」。

昨日の戦場は焼き鳥屋。メンバーは焼き鳥愛好会の面々。

「なぜ焼き鳥屋でワインを飲む人が少ねえんだ？」

「啓蒙活動が足りねえんじゃないか？」

「なんで銀座では22時から1時まで乗り場でしかタクシーが拾えねえんだ。都知事が悪いのでは？」

などとわけのわからない勝手な会話をしながら4時間半。３人で８本のワインを空けましたが、多くの人たちがこんなふうにワインを楽しむようになれば、日本のワイン消費量（成人一人当たりレギュラーボトルで年間約３本）は飛躍的に伸びることは間違いありません。

ところで、日本におけるワイン消費量は、平成13年以降、現在に至るまで、ずっと右肩上がりで伸びて来ているのです。なかでも、女性層、若年層で「好きな酒」としてワインを挙げる人が年々増えてきているようです。

しかしながら、今もって、「ワインは難しい」「ワインはよくわからない」という声を聞くことが多々あります。酒を飲むのに「わかる」必要はないと思いますが。この原因は何でしょうか？　筆者の独断と偏見ですが、原因は大別して二つ。その一番目は、日本には独自のワイン文化がまだないこと。もう一つは、ワインをあえて難しくする風潮があることでしょう。

日本に今あるワイン文化は、明治時代の上流社会、鹿鳴館から始まると考えられます。そこに集う輩《やから》は、ワインを飲んでフランス文化を語ることがステータスであったようです。結果として、フランスのワイン作法、文化が、咀嚼《そしゃく》されずにそのまま日本に定着してしまいました。

食事との相性、ワインの飲みごろ温度、ワイン用ブドウの栽培環境、ワインの保存方法など、日本の事情に合わない面は枚挙にいとまがありません。

二番目は、これとも密接に関係していますが、一言でいえば、ワインを「特別なお酒」とする傾向であり、選び方、飲み方、合わせる料理などを小うるさく限定する流れがあることは否めません。

例を挙げれば、「ワインは飲み残したらまずくなるので、栓を開けたら飲みきらねばならない」とか、もっとひどい例は、「〇〇〇のワインを飲む時はブルゴーニュの子羊の□□□を合わせなさい」などの有難いご指導が公然と横行しているのです。このご指導によれば、日本にいたら、〇〇〇のワインは永遠に飲めないのでは？

ワインについては、このような誤解が幅広く流布されているため、「ワインは難しい」ということになっているのではないでしょうか？


本書では、これらの誤解を、「ワインは難しくない」という立場から、わかりやすい科学で解いてゆきたいと思います。

一方、最近になって、ワインの健康向上に及ぼす様々な効果が話題に上るようになってきました。ワインには確かに種々の健康にやさしい成分が含まれています。ただし、ここで注意が必要なことがあります。よく「〇〇の成分が入っているから○○の病気に効果がある」というような話をよく聞きます。しかしながら、それは誤解であるケースが多々あります。ある成分が入っていたとしても、人体に有効な量が摂取できるか？　人体に吸収されるか？　血中濃度が上がるか？　さらには、目標とする臓器で有効な濃度が確保されるか？　など、その成分にとってクリアすべき課題は両手に余ります。

そこでワインの機能性について、今までの情報、知見を整理して、「身体にやさしいワイン」をわかりやすく解説したいと思います。

なお、この種の情報にはいわゆる絶対的な正解は存在せず、データの解釈その他については専門家の間でも意見が分かれることが多いことから、なかにはワインの機能性を否定する報告もあります。そのため、本書では筆者の独断による解釈をもとにすることをお許しいただきたいと思います。

また、筆者は長年酒類業界にドップリ漬かっていた関係上、かなり、ワインの肩を持つ部分もあるかもしれません。

２０１６年10月

清水健一

ワインの秘密◉目次

Chapter 1

ワインの知識は誤解の宝庫

Chapter 2

ワインに関する素朴な疑問

Chapter 3

ワインの基本、味、香りについての疑問

Chapter 4

身体にやさしいワイン！

Chapter 5

知っておいて損はないワインの製造に関する知識

Chapter 1
ワインの知識は誤解の宝庫

注：以下、「ポリフェノール類」という場合は、カテキン、加水分解型タンニン、縮合型タンニン、アントシアニン、フェノール酸などポリフェノール全体を意味します（分類に関しては、232ページを参照）。単に、「タンニン」という場合は、加水分解型タンニンと縮合型タンニンを、「縮合型タンニン」は縮合型タンニン（プロアントシアニジン）のみを指すことにします。

ワインは開けたらすぐ飲まないとまずくなる？

答えは、ウソです。もっともヴィンテージ（ワイン用ブドウの収穫年）が古くて熟成が進んだ高級ワインは例外ですが。

ワインにはブドウ由来の抗酸化物質（生活習慣病などの原因となる活性酸素を消去したり、酸化によるワインの劣化を防いだりする作用を持つ）であるポリフェノール類がたくさん入っています。赤ワインの赤色、渋み成分などもすべてポリフェノールです。

この成分はブドウの果皮と種子に多く含まれているので、ブドウをつぶして、果汁だけを発酵させる白ワインに比べて、果皮と種子を一緒に漬け込んで発酵させることによって、果皮、種子の成分が溶け出している赤ワインに多く含まれます。

これらブドウ由来の天然の酸化（ワイン中の成分が酸素と反応すること）防止成分に加えて、大部分のワインには酸化防止剤である亜硫酸（人体に無害であることはあとで説明）が含まれているため、ワインは清酒、ビールなどと比べて、はるかに長持ちする飲み物です。

ごくデリケートなアロマやブーケ（ブドウ由来の香りを第一アロマ、発酵で出てくる香りを第二アロマ、熟成で生成する香りをブーケと呼ぶ）のバランスを必要とする、年代物の高級ワインは例外になりますが、それ以外のワインは残しても、冷蔵庫に入れておけば5〜6日は十分品質が保てます。また、ポリフェノール含量が多い赤ワインは白ワインより長持ちします。

さらに品質を長持ちさせるよい方法があります。これはワインばかりではなく日本酒にも当てはまるのでお勧めです。ワインを飲み残すと、ボトル中の上部の空間には、最初にワインが入っていた時よりも多くの空気が入ることになります。その空気の20％は酸素なので、ボトル中で酸素とワイン成分が反応するチャンスが多くなります（図1参照）。

これを防ぐために、ワインを小さな容器に移し替えて満量にし、栓をして冷蔵庫に入れてください。これによって、ワインの日持ちは2〜5倍に延びます。栓は、コルクよりも空気を通しにくいスクリューキャップがベターです。

図１　飲みかけワインの保存法

近年、ペットボトルは、技術の進歩により酸素を通しにくくなっているので、ちょうどよいでしょう。もっと言えば、炭酸飲料の入っていたペットボトルは、キャップの密閉性がよいのでお勧めです。種々のサイズの炭酸飲料用ペットボトルを用意しておいて、是非、試してみてください。某ホテルのワインスクールでの講義の際に、この方法を勧めたところ、結構、好評をいただきました。

ワインは古くなると酸っぱくなる？

これもとんでもない誤解です。ワイン中で乳酸菌が繁殖した場合（この場合は、ワインが濁っているか大量の沈殿が生じている）を除いては、ワインが古くなっても、酸味の成分が増えることはありません。

むしろ、酸味の成分はアルコールなどと反応してわずかに減少していきます。その一方、アルコールが酸素と反応して酢酸は増えますが、合計すると酸味の増加はほとんどないのが通常です。

このような誤解は、「酸化」と「酸敗」を取り違えて理解しているためと考えられます。「酸化」とはワインの成分が酸素と化学反応することです。適度であれば品質が上がり（熟成）、過度になるとまずくなります（劣化）。ここに微生物の関与はありません。

これに対して、「酸敗」は、微生物が増殖することによって腐る現象、つまり「腐敗」の一種で、増えた微生物によって酸味の成分が増える場合に「酸敗」と呼ばれます。

ちなみに、古くなってまずくなったワインでも人体には無害なので、使い方によっては、料理、デザートなどに利用可能です。強制的に加熱酸化させたワインであるマディラ・ワインがデザートなどに積極的に利用されるのがよい例でしょう。

Column 1

ワインセラーは必要か？

最近、最も多い質問です。「あるに越したことはないですが、必須ではありません」とお答えしています。

ワインの理想的な保存条件は温度12～15℃、湿度70～75％だと思いますが、ワインは意外と劣化しにくいお酒なので、このような最適条件でなくても十分日持ちします。

次のような原則で考えていただければベストだと思います。

＊ヴィンテージの古いワインはワインセラーに。
＊白ワインはなるべくワインセラーに。
＊赤ワインでピノノワールを原料としたものはワインセラーに。
＊その他の赤ワイン（醸造後、5年以内ぐらいのもの）はワインセラー不要。

日の当たるところ、特に高温になるところを避けて、保管しておいてください。なかでもカベルネソービニヨン、シラーなどは常温保存の方が、熟成が進み速く飲みごろに達します。

なお、ワインセラーは、ワイン以外にも日本酒の保存に最適ですよ。

ワインは置けば置くほどよくなる？

どんなワインでも、製造後、香味が上昇し（熟成）、ピークに達して、ある期間そこを保ち、その後は品質低下（劣化）の憂き目に遭わざるを得ません。

この宿命は、超高価なロマネコンティのようなワインも避けて通れません。保存状態にもよりますが、個々のワインに寿命があり、いたずらに長く置いても、むしろ劣化してしまうと言ってもいいでしょう。

ただ、よくできたワインほど、ゆっくり上昇し、ピークの位置が高く、ピークの期間が長く、劣化速度が遅いなどの資質を備えていることは確かです。

このワインの熟成にも、劣化にも、空気の約20％を占める酸素が大きな役割を果たしています。ワインの熟成は、オーク樽のみならず、タンク内でも行われ、酸素を必要としますが、その量が過度になると劣化につながります。ワイン中の成分が酸素と反応するのを、ワインの酸化と呼びますが、一言でいうと、適度な酸化が熟成であり、過度な酸化が劣化と言えるでしょう。

ワインの品質低下が酸素によることを憶えておくと、ワインの選び方、保存法が理解できるようになります。

赤ではわかりづらいですが、白、ロゼワインの場合は褐色を帯びたものは劣化している場合がほとんどなので避けてください。もっとも、避けなかったとしても、「第三者の厳しい眼での評価」を受けることはありませんが……。

褐色になるのは、ワイン中の無色の成分が酸素と反応して褐色の物質に変わっているからです。色の成分が酸素と反応していることから、ワインの味、香りの成分も酸素と反応して劣化していることが予想され、実際にその通りなのです。ただ、きれいな黄色は、樽熟成がうまくいった根拠にもなるので、むしろ歓迎すべきでしょう。

さらに言えば、フレッシュな白ワインの場合は、少しグリーンがかったものを選べば当たりです。このグリーンはブドウ由来の葉緑素の色なのですが、葉緑素は非常に酸素と結合しやすく容易に褐色化する物質です。ワインが、グリーンがかっているということは、その酸素と反応しやすい葉緑素もまだ酸素と反応していないということですから、その事実は、ワインの味、香りの成分も酸素と反応していないことを示しています。

ただ最近、ボトル自体にわずかなグリーンを入れている場合があるので要注意です。筆者も、製品にそのようなボトルを使用したことがあるので、言いにくいことですが。

次にワインの保存法です。ワインの保存方法の最も重要なポイントは、ワインの成分と酸素の反応をいかにして防ぐかです。

よくワインは横に寝かして保存しなさいと言われます。これは、ワインのコルクを湿らせておきなさいということで、横でなくても逆さでも大丈夫です。ナチュラルコルクや半合成コルク（表1参照）はコルクガシという樹の成分が主体なので、乾燥状態では酸素を透過し過ぎてしまいます。横に寝かしてコルクを湿った状態にすると酸素透過量が大幅に減り、ワイン成分と酸素の反応が遅くなるためこう言われるのです。

逆にスクリューキャップの場合には、キャップに液が触れないように保存してください。スクリューキャップは内面がコーティングされていますが、それでも液に触れると金属の影響が味に出てきたり、キャップのコーティング剤に

表１　コルクの種類

分類	商品名または一般名	特徴
ナチュラルコルク	―	天然のコルクガシ１００％。ワインの栓としてはベスト
圧縮成型コルク	圧縮コルク	コルク屑を圧縮して、樹脂系の接着剤で成型
	Ｄｉａｍコルク	コルクを破砕→弾力のあるスベリン質のみ集める→超臨界二酸化炭素で洗浄（コルク臭原因物質ＴＣＡを除去）→プラスティックと混合して圧縮、加熱して成型
	Ａｌｔｅｃコルク	Ｄｉａｍコルクと同じ製造工程であるが、超臨界二酸化炭素での洗浄工程が無い
	トゥイントップコルク	圧縮成型コルクの上下にナチュラルコルクのディスクを貼りつけたもの
半合成コルク	コルメートコルク	ナチュラルコルクをコルク屑とラテックスの混合物でコーティング
合成コルク	プラスティックを型に入れて造ったもの	開栓力が高く抜きにくい
	プラスティックを成型して造ったもの（ノマコルク、ネオコルク）	開栓しやすい

よる香りの吸着の危険性があります。

次にワインを低温で保存するのは、ワイン成分と酸素の反応が化学反応なので、低温にすると反応が遅くなるからです。

また、ワインを日の当たらないところに置くのは、日光の中のある波長の光が、ワイン成分と酸素の反応を促進するので、それを避けるためです。

このように、ワインの劣化がワイン成分と酸素の反応によることを理解するだけで、なるべくワインをよい状態で保存する方法がわかります。

比較的最近になって、コルク栓に代わってスクリューキャップを使用したワインが、増えてきました。ニュージーランドワインに至っては、ほとんどのワインが、スクリューキャップになっています。このキャップに関しては、筆者とその飲み仲間たちは、30年前からその有効性を主張してきましたが、多くの賛同を得られず、「やっと来たか？」の感が否めません。

よく質問されるので、ナチュラルコルクとスクリューキャップの違いについても、少し触れておきたいと思います。

もっとも大きな違いは、酸素（空気）透過量です。ナチュラルコルクは乾燥していると酸素を透過し過ぎますが、湿った状態では、熟成に適した量の酸素を透過してくれます。これに対して、スクリューキャップははるかに少ない量の酸素しか通しません。

結果として、スクリューキャップをすると、酸素不足のため、酸化熟成（酸素とワイン成分との反応による熟成）はほとんど進まなくなります。芳香のあるエステル（ワイン中の酒石酸、リンゴ酸、乳酸、コハク酸などとアルコールが反応してできる種々の物質）生成などの酸素を要求しない還元的（酸化の反対で、ここでは、酸素の不足した状態を意味する）熟成はある程度進みますが。

その代わりに、ワインの品質がピークに達した後は、スクリューキャップの方がピークの期間を長持ち（日持ち）させます。従って、大雑把に言うと、さらに熟成して欲しいワインではコルク、フレッシュフルーティーなワインではスクリューキャップがお勧めです。

スクリューキャップはその高い酸素バリア性（酸素を遮断する性質）のために、ビン内が還元的（酸素不足の状態）になることがあります。あまり、頻繁ではありませんが、時々、ワイン中の亜硫酸が還元（酸素を奪われたり、水素が付加される反応）されて、温泉卵の臭い（硫化水素）が発生することがあるので、スクリューキャップの場合、硫化水素のもとになる亜硫酸（酸化防止剤）の添加量に注意が必要とされます。

近年、原料であるコルクガシの乱伐のために、品質が低下し、価格が上がっている傾向のナチュラルコルクに代わって、様々な、半合成、合成コルクが考案、使用されています。それらに関しては表1をご参照ください。

この項の最後に、我が国における輸入ワインの飲みごろについて説明しておきましょう。対象は小売価格2500円以下ぐらいの輸入ワインとします。それを超える価格のものは例外になることが多いので。

前に述べたように、ワインは製造後熟成して品質が上昇、ピークに達して、ある期間それを保ち、その後は劣化していきます。ボトリング（ビン詰）は、通常、ピークかその直前ぐらいの状態で行われ、コルクの場合は、スクリューキャップよりも早めにボトリングされます。

通常、ボトリングされたワインは倉庫で保管され、注文が来ると、港に運んで船積みし、海上輸送で日本に届きます。海上輸送は低温コンテナー（リーファーコンテナー）の場合もありますが、常温コンテナー（ドライコンテナー）のケースが多く、この場合、船中でかなりの高温にさらされます。

特に欧州からケープタウンを回ってくると、赤道を2回越えるので、船底の温度は50℃を超えることも稀《まれ》ではありません。最近は、赤道を通らないスエズ運河経由が多いようですが。また、南米、オーストラリア、ニュージーランドからの輸入の場合は、必ず赤道を通過します。

このような輸入ワインは日本到着後、税関を通り、トラック輸送で、卸やインポーターなどの倉庫に入り、小売店（一般小売店、業務用酒販店、スーパー、コンビニなど）の注文を待ちます。

ワインがボトリングされてから、ここまでで60～80日、場合によってはもっと長い期間もあります。そうすると、ボトリング時にピークかピークの直前にあったワインは、小売店に入った段階で既にピークかピークを過ぎるところまで熟成が進んでいます。

ここで重要なのは、日本でのワイン消費量は、成人一人当たり、レギュラーボトル（750㎖または720㎖）で年間3本程度だということです。その数百倍飲んでいる我々も含めた平均の数字です。それに加えて、日本では世界中のワインが流通しており、消費に対するワイン流通量はかなり多くなっています。

このことは、日本では、ワインの流通期間が長いこと、つまり、卸やインポーターの倉庫に入ってから、消費者の手に渡るまでに非常に時間がかかることを意味しています。

この長い流通の間に、ワインはピークの最後か、下手をすると、熟成が進み過ぎてピークから下がり始めることが予想され、実際にその通りなのです。従って、日本国内で小売価格2500円以下くらいの輸入ワインを飲む時は、買ってすぐに飲むことをお勧めします。

Column 2 躍進するアルゼンチンワイン

最近、アルゼンチンのワインを市場でよく見かけるようになってきました。日本に輸入されるワインの中で、国別で7位か8位ぐらいになっています。

筆者は、国産ワインにブレンドするバルクワイン（ボトルでなく、20〜24kLぐらいのコンテナーで輸入されるワイン）と、これも国産ワインの原料となるブドウ濃縮果汁の買い付けのために、30数年前から度々、アルゼンチンのワイナリーや果汁メーカーを訪問していますが（夜はメンドーサのナイトクラブでクラブ活動）、当初はアルゼンチンワインの品質はそれほど高いものではなかったように思います。

理由は二つ。一つはブドウの栽培条件です。アルゼンチンはブドウ成熟期の降水量が極度に少なく、土壌の水分含量の点では、ワイン用ブドウの栽培に非常に適しているのですが、気温が高いというハンディがありました。彼らは、この欠点を、ブドウ栽培を標高の高いところ（気温は当然低くなります）で行う

マルベック

ことによって見事にカバーしてきました。

現在では、ブドウ畑がアンデス山脈を登っており、800～2000mぐらいの標高のところで良質かつ品種特性のあるブドウが栽培されています。

もう一つは、醸造面でした。すなわち、醸造設備面での進歩の遅れと醸造技術者のレベルの問題です（もっとも、一部には優れた醸造技術者が当時からいましたが）。

しかし最新の醸造設備、樽などの導入、海外からの醸造技術者の招聘《しょうへい》などによって、この問題をクリアーして、昨今のアルゼンチンワインの品質は国際的に高く評価されるに至っています。

特に赤品種のマルベックは、「世界最高のマルベック」と評価され、白の地品種トロンテス（アルゼンチン固有品種であるクリオージャ・チカとマスカット・アレキサンドリアの自然交配種）も徐々に人気を集めています。

余談ですが、トロンテスは、ルイジ・ボスカの「ラ・リンダ・トロンテス」を是非お試しください。北部のサルタという高地で栽培することによって、抜群の品種特性を備えています。

さらには、最近は、カベルネフランが注目されつつあり、筆者はフランスよりもアルゼンチンの方が優れていると思うくらいです。アルゼンチンワインは、コストパフォーマンスによる追い風も味方して、今後、急速に伸びてくることが予想されています。

Column 3

チリワイン強さの秘密

２０１６年６月７日、今ちょうどチリに出張中で、サンチアゴのホテルでこの原稿を書いています。まだ非公式統計の段階ですが、２０１５年にチリワインがフランスを抜いて、日本への輸入ワインのトップになりました。その理由は、チリワインの品質レベルが価格のわりに高いこともありますが、２００７年に発効した日本チリ経済連携協定（ＥＰＡ）によってチリワインの関税が下がったことが大きな要因となっています。

デイリーに飲む輸入ボトルワインでは、大雑把に言って、ワインの関税はＣＩＦ価格（ワインの価格＋日本の港までの船賃＋海上保険料）の15％ですが、チリワインでは協定発効以来毎年下がって２０１６年には５・８％になっています（２０１９年にはゼロ）。

さらには、近年、コストを下げるために、海外のワインをコンテナーで輸入し（これをバルクワインと呼ぶ）、日本でボトリングを行うケースが増えてきていますが、チリ産バルクワインの場合は、関税がゼロになっています。

少し、チリワインの歴史を振り返ってみたいと思います。

チリは日本から見てほぼ地球の裏側にあって、時差は13時間。アンデス山脈の西側にある南北に細長い国で、気候は地中海性気候をはじめ変化に富みます。銅が産出されるので、銅、海産物などの輸出のおかげで、南米ではリッチな国の一つです。日本のスーパーマーケットでも、チリ産のウニなどでおなじみです。また、コロンビア、コスタリカと並んで3Cと呼ばれ、世界的に美人が多い国としても有名です。

チリでは、1850年代から、欧州から持ち込まれたカベルネソービニヨン、ソービニヨンブラン、カルメネール（30年ぐらい前まではメルロと混同されていた）が、首都であるサンチアゴ周辺のセントラルバレーを中心に、その南北で栽培されており、ワインが造られていました。

ところが、原料ブドウの品質がよいわりには、醸造技術、醸造設備に問題があったことに加えて、大部分のメーカーで、ラウリと呼ばれるチリ原産の木でできた大樽を貯蔵容器にしていたため、特有なクセ香がワインについて、国際的評価は低いものでした。

1980年代に入って、日本、米国などのワインメーカーが、国産ワインにブレンドする目的で、チリからバルクワインを輸入し始めると、それらの輸入メーカーが、チリワインの品質、タイプを自国の好みに合わせるため、醸造技術、醸造設備に関して様々な要求、指導をチリのワインメーカーにするようになりました。彼らはこれを受け入れて、短期間で積極的な改革を行い、ワイン品質の急速な向上を成し遂げました。

筆者も1986年から度々、チリを訪問し、要求を突きつけたり、サンチアゴのカソリック大学でワイン酵母の講義をしたりしてきました。夜は、サンチアゴのナイトクラブNew CrazyやEl Doradoなどでクラブ活動をし、訪問したナイトクラブは30店以上ですが。

ブドウの栽培面でも、前3品種に加えて、シャルドネ、シラー、メルロなどを増やし、栽培地域も、より冷涼で品種特性の出やすい、南部の地域（マウレ、ビオビオなど）や高地に広げて、品質レベルは国際的に高く評価されるに至っています。努力で今の地位を築いたチリワインメーカーに敬意をささげます。

ヴィンテージの古い高級ワインはデカントして飲むべき？

はじめに、ヴィンテージの説明をしましょう。ヴィンテージとは、ワインの原料であるブドウの収穫年のことを言います。

このテーマは、非常に微妙で、一流のソムリエさんやワイン製造者の間でも意見が分かれることが多く、下手に書くと袋だたきに合う可能性もあるので、あまり気乗りがしませんが、ワインの大量消費者としての経験から、個人的な意見を述べたいと思います。

ヴィンテージが古いワインの場合は、ボトルの底にかなりオリがたまっていることが多く、そのまま飲むと舌にザラザラ感を感じるため、上澄みをデカンターに移してサーブされるのが一般的です。

しかしながら熟成のピークに達しているワインの場合、デカンターに移す時に酸素に触れるため、ワイン成分の酸化がさらに進み、香味がピークから下がってしまう危険性があります。

つまり古いワインを何でもデカントするのは、考えものではないでしょうか?

筆者が、古いワインを飲む際は、多少のオリは気にせずに、デカンターに移さないで飲んでいます。むしろ、ヴィンテージがかなり新しい若いワインの方が、デカントすることによって酸素と接触し、味が丸くなる傾向があると思います。個人的には、ボトルごと振ってから開栓することもあります。

ちなみに、ヴィンテージの古いワインは1〜2時間前の抜栓をお勧めします。

これはビン内でワインが酸素不足になり、ボトル上部に温泉卵のような香り(硫化水素)などの還元臭が生じている場合が多く、事前抜栓によりその還元臭成分を飛ばすためです。

肉には赤ワイン、魚には白ワイン?

ワインと料理の相性はマリアージュと呼ばれ、やたらに限定したがる人が多いようです。

例えば、肉には赤ワイン、魚には白ワインというように。筆者は、一言でいえば、「余計なお世話」だと思っています。これを守らなくても、警察に捕まることはありません。人間の嗜好はかなり多様化しているので、人によって個人差があるのは当然です。

その人がワインと料理に満足であれば、それでよいのではないでしょうか？

ただ、著者の独断的感触から言えば、脂肪、油が多いほど赤ワインに合う傾向があるようです。さらに、渡辺正澄先生も指摘されているように、クエン酸、酢酸、リンゴ酸などが多い料理は白ワインが合い、コハク酸、乳酸が多い料理は赤ワインが合うような気がします。ただ納豆は赤、白ワインともに合わないようです。是非、宴会の時の罰ゲームにでも試してみてください。

また、寿司には白ワインが合うという人がかなりいますが、著者は、寿司には日本酒と決めています。我慢比べではないので、無理に白ワインを飲む必要はありません。

中華料理に辛口のロゼワインの組み合わせも個人的には気に入っています。

欧米では、「生牡蠣に辛口の白ワイン」「生牡蠣にはシャブリ（ブルゴーニュの白ワイン）」などと言われています。これは白ワインの強力な殺菌力のために、生ものを食べる時に白ワインを飲むと、食あたりしないことが経験的に知られており、それが習慣化して、相性につながったものと考えられます。

生牡蠣に関してさらに言えば、個人的にはそのままでは白ワインには合わないような気がします。三杯酢に漬けたり、レモンを搾ると、酢の酢酸やレモンのクエン酸が白ワインとの中継ぎをして、相性をよくするようです。

何の根拠もありませんが、「色の濃い料理ほど赤ワインに合う」傾向は、当たらずとも遠からずだと思います。

赤ワインは常温、白ワインは低温で？

これも個人の自由だと思っています。図2に甘み、酸味、渋みの感じ方が、温度変化によって、どのように変化するかを示しました。

同じワインでも、温度によって、甘み、酸味、渋みのバランスが異なること

図2 温度による味覚感受性の変化

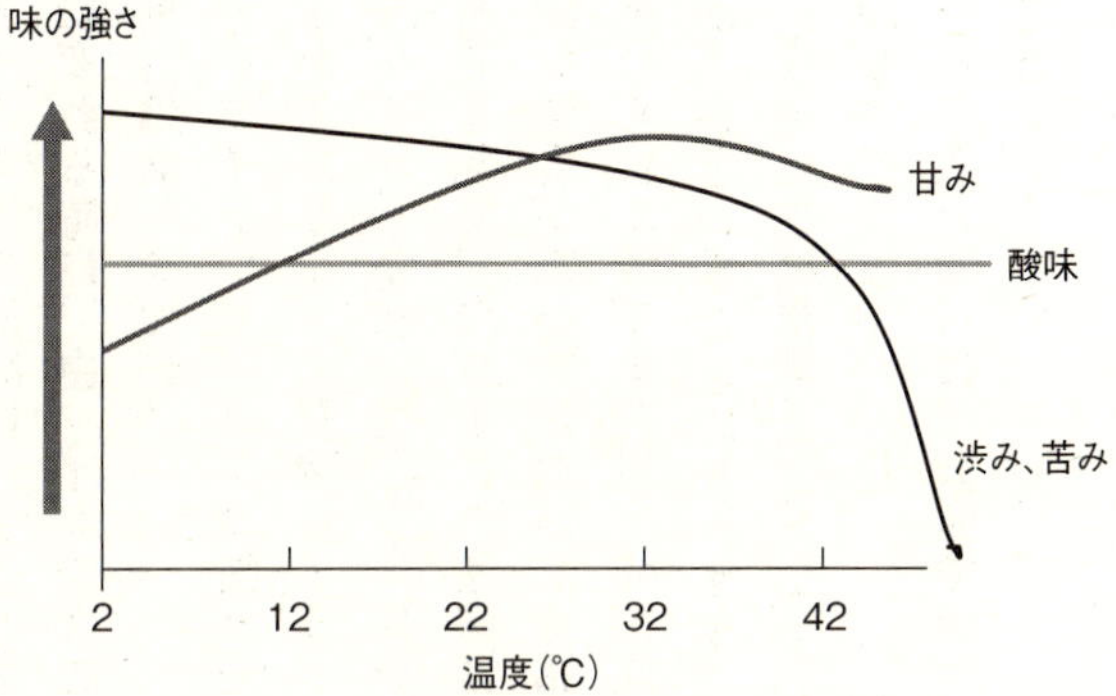

が一目瞭然です。どのバランスがよいかについては、当然のことながら各個人で千差万別です。要は、自分に合ったバランスの温度で飲めばよいのです。パリのレストランでこのことで喧嘩したことが2、3回ありますが……。

例えば、赤ワインを飲んでいる時に、渋みが足りないと思えば、少し冷やすと渋みが強く感じられるようになります。また、甘みがもう少し欲しいと思えば、手で少し温めて飲むことをお勧めします。

このように飲む温度は、各個人で勝手に決めるべきですが、「赤常温、白低温」には若干の科学的根拠があります。

ブドウの果実の酸味は、主として酒石酸とリンゴ酸によります。ブドウがワインに変わる時に、白ワインではこの2種類の酸がそのままワインに移行します。例外はありますが。

一方赤ワインでは、リンゴ酸と渋みの相性がよくないため、また、酸味を和らげるためにワインの発酵終了後、乳酸菌によって、リンゴ酸を乳酸に変えるマロラクチック発酵（後述）が行われるのが通常です。つまり赤ワインの酸味は酒石酸と乳酸、白ワインの酸味は酒石酸とリンゴ酸ということになります。

乳酸は温度が高い方がおいしく感じる酸であり、リンゴ酸は低温の方がおいしく感じられる酸です。従って、乳酸を含む赤ワインの方が比較的高温で飲んだ方がよいということになります。別の例を挙げれば、乳酸を多く含む老酒《ラオチユウ》（特に紹興で一定の規制のもとに造られたものが紹興酒になる）を温めて飲むのは理にかなっています。

冷やして飲む飲料に、低温でおいしく感じるクエン酸が多用されているのも同じ理屈です。

Chapter 2
…
ワインに関する素朴な疑問

ワインに入っている酸化防止剤、亜硫酸は身体に悪い？

ほとんどのワインには酸化防止剤として亜硫酸（二酸化硫黄が水に溶けたもの）が使用されています。裏ラベルには、「酸化防止剤（亜硫酸塩）」などと表示されています。

この亜硫酸による健康被害に関して無用な心配をする人が多いので、ワインへの亜硫酸の使用、亜硫酸による健康への影響について、触れておきたいと思います。

化学式などが出てきて難しく感じるかもしれませんが、ご容赦ください。

亜硫酸は酸化（劣化）防止効果のみならず、殺菌作用もあるため、主にブドウの段階、アルコール発酵停止時、マロラクチック発酵停止時、ボトリング直前に添加、調整されます。ただし、最近、ブドウの段階での添加は、不快な香りを持つ硫黄化合物の生成につながるとして、入れない場合が増えていますが。

$$SO_2 + H_2O \rightleftarrows HSO_3^- + H^+$$

（二酸化硫黄）　（水）　（重亜硫酸イオン）　（水素イオン）

ワイン中での亜硫酸は、上に示す式のような平衡状態にあります。

このうち、SO_2とHSO_3^-が抗酸化作用を示し、殺菌作用に関しては、後で白ワインの殺菌作用のところで解説するように、HSO_3^-はマイナスの電荷を持ち、かつ、脂質に馴染みにくい（水に馴染みやすい）ために菌体内に入れないので、SO_2のみが作用を示します。

平衡はpHが低いほど（H^+が多くなるほど）SO_2+H_2Oに傾くので、殺菌作用はpHが低いほど強くなりますが、抗酸化作用はpHの影響をあまり受けません。

実際には、pHが低いほど真の亜硫酸である遊離亜硫酸（後述）が増えるので、pHが低い方が多少、抗酸化作用が強くなります。

上記の平衡状態以前の問題として、ワインに添加された亜硫酸の大部分は、アセトアルデヒドをはじめとするカルボニル化合物（カルボニル基＞C＝Oを持つ化合物）と化学反応して、全く別の化合物に変わります（もはや亜硫酸ではない）。

この、「元」亜硫酸の部分は結合亜硫酸と呼ばれます。既に亜硫酸ではないのに、「亜硫酸」という名称が付いているため話がややこしくなっています。

一方ワイン中の成分と反応していない、残りの亜硫酸として存在する「真の亜硫酸」は遊離亜硫酸と呼ばれます。亜硫酸を問題にする場合は、この遊離亜硫酸のみを考えればよいことになります。

日本の食品衛生法では、亜硫酸の量は、総亜硫酸（遊離亜硫酸＋結合亜硫酸）で定義され、ワインでの規制値は1キログラム（約1リットル）当たり350mg未満です。

実際に、ワインのボトリング前には遊離亜硫酸を1リットル当たり約30mgになるように調整するのが通常です。この場合、結合亜硫酸が通常1リットル当たり60〜180mgあるので、総亜硫酸としては1リットル当たり90〜210mgということになります。この30mgの遊離亜硫酸は、主としてワイン中の酸素と結合して、酸化防止効果を発揮し、結合亜硫酸（もはや亜硫酸ではない）に変化してゆきます。

ワインは、通常、ボトリング後、数カ月から数年後に飲まれるので、その間に、「真の亜硫酸」である遊離亜硫酸は減少し、飲まれる頃にはほとんどゼロになっているケースがほとんどです（飲む時には、ワイン中には亜硫酸がほぼない状態）。

さらに亜硫酸は、気体として大量に吸い込んだ場合は、呼吸器に影響を与えますが、飲んだ場合には害がなく、奇形や変異の誘発もないことが知られていることから、ワイン中の亜硫酸による健康被害は皆無であると結論できます。

参考までに、ＷＨＯ（世界保健機関）による亜硫酸のＮＯＡＥＬ（最大無毒性量。毒性の出ない最大許容量）は、もっとも厳しいデータを基準にした場合70mg／kg／Ｄａｙ（体重1kg当たり、1日に70mg）です。例えば、40kgの体重の人の場合、1日に２８００mg摂取しても毒性が出ないことになります。

前述のように、ワイン中の遊離亜硫酸（真の亜硫酸）は飲む時にはほとんどゼロになっていますが、ボトリング直後の1リットル当たり30mgと仮定しても、1日に１００リットル近く飲んでも無害という計算になります。

酸化防止剤無添加ワインとは？

酸化防止剤無添加ワインとは、亜硫酸その他の酸化防止剤、食品添加物を一切添加しないワインです。日本では、協和発酵（当時）のサントネージュワインが草分けだったと思います。開発者としてはそう信じています。

今まで述べたように、ワイン中の亜硫酸は全く無害ですが、それでもまだ心配する方々を対象として、「有機栽培ブドウ１００％の無添加有機ワイン」として商品化しました。

日本は、世界でも有数なカビの多い国なので、国内でのブドウの有機栽培は当初からあきらめざるを得ませんでした。そこで米国の有機栽培農協との厳しい交渉の末、やっと、赤のコンコード種などの有機栽培ブドウの果汁を入手し、それを原料としてスタートしました。その後、アルゼンチン、さらにはチリにおいて、有機栽培の交渉を行い、現在では両国が有機栽培果汁の主力供給者になっています。

このワインの場合は、ただ亜硫酸を入れないだけでは、単なる酸化の速いワインにすぎません。実際に海外でも見かけますが、ほとんど、まともなものは見当たりません。

亜硫酸を使わないワインを造るには、以下の二つの課題をクリアーすることが必須なのです。

①亜硫酸がないので、アセトアルデヒド（ワインの発酵時には必ず発生。生成量は、使用する酵母、発酵条件によって大きく異なる）がフリーになり、青臭いにおいが残る。

②亜硫酸の助けを借りなくても酸化が進まないように、ワイン中に溶けている酸素を最小限にする必要がある。

詳細を説明すると長くなるので、簡単にいうと、①に関しては、アセトアルデヒドの生成の少ないワイン酵母を選抜しました。おおむね、これには発酵力の強いワイン酵母が適していました。②に関しては、ボトリング後のワイン中の溶存酸素（ワインに溶けている酸素）を減らすために、比較的高温でボトリングを行いました（酸素のような気体は、温度が低いほど液体に溶けやすくなるため）。また、ワインの移動時にも、移動方法を工夫しました。

酸化防止剤無添加でワインを造ることが、いかに大変かおわかりいただけると思います。

酸化防止剤無添加ワインに関連してもう一つ。かなり居直った製造方法をご紹介しましょう。

まず、ブドウ果汁に大量の空気または酸素を送り込んで、果汁を徹底的に酸化させます。この工程で、大量の酸化物のオリが生じ、果汁も褐色になります。次に、このオリを除いて、褐色の上澄みを、酵母で発酵させます。

発酵中は、二酸化炭素が生成するので、かなり還元的（酸化的の反対で酸素が少ない状態）になるため、果汁の色はほぼ酸化前の状態に戻ります。この際、香味成分もかなりの部分が復活します。このようにしてできたワインは、酸化しやすい成分がほとんどなくなっているので、亜硫酸無添加であっても酸化しにくく、保存性は良好です。

ただ、品質的に言えば、ごく並のワインにしかなりませんが。

この方法は、「ハイパーオキシデーション」と呼ばれていて、実際に実施しているワイナリーも海外には存在します。

赤ワインを飲むと頭痛になるのはなぜ？

比較的少数ですが、「白ワインは大丈夫だけど、赤ワインを飲むと頭痛がする」という人がいます。

その原因に関しては、かなり昔からワインに含まれる亜硫酸、ポリフェノール、ワイン製造時の細菌汚染によるヒスタミンなどに見当違いの責任を負わせる説が横行し、結論が出ていませんでした。

ところが最近になって、この頭痛の原因はチラミン（チロシンというアミノ酸から生成）という物質であることがハッキリしてきました。

チラミンは動植物に広く分布するバイオジェニックアミン[18]（生体内で、アミノ酸から作られるアミノ基〈NH^{2}〉を持つ物質の総称で、神経細胞間の情報伝達を通じて、血圧上昇、頭痛などの原因となるものが多い）という物質群の一つで、交感神経の末端からのノルアドレナリン（ストレスホルモンとも呼ばれ、交感神経を活性化して、精神を高揚させたり、集中力を高めたりする）の遊離を促進することによって、血管収縮作用を示し、さらには血圧上昇、片頭痛の原因物質であることが知られています。食品では、赤ワイン、熟成チーズ、チョコレート、ココア、鶏レバー、燻製魚、いちじくなどに多く含まれています。

ワイン中のバイオジェニックアミンは、従来から赤ワインによる頭痛の原因物質の候補の一つに挙げられていました。赤ワインに含まれるバイオジェニックアミンには、アミノ酸であるチロシンからチロシン脱炭酸酵素という酵素によって生ずるチラミンの他に、同じくアミノ酸を原料として、ヒスチジンからできるヒスタミン、リジンから生成するカダベリン、オルニチンやアルギニンを原料として作られるプトレシンが知られていますが、後者の二つは人体にほとんど無害であることがわかっています。

ヒスタミンは、アレルギー疾患の原因となる上に、血管拡張、平滑筋収縮作用などの薬理作用を有していますが、ワイン中での含有量が低いため、頭痛の原因物質とは考えにくく、現在ではチラミン説が最有力となっています。さらにこのチラミンによる頭痛の誘発に関しては以下が明らかになっています。

①酵母はチラミンをほとんど生成しない。従って、アルコール発酵でのチラミンの生成はほとんどゼロである。

②チラミンの大部分は、マロラクチック発酵中（後述）に、乳酸菌によって作られる。

③マロラクチック発酵に使用される乳酸菌（市販の乾燥乳酸菌）のうち、ラクトバチルス属の株（*Lactobacillus brevis, Lactobacillus hilgardii, Lactobacillus casei*など）にはチラミンを生成するものが多いが、オエノコッカス属の*Oenococcus oeni*はチラミンを生成しないものが多い。従ってマロラクチック発酵を、*Oenococcus oeni*を使って行えば、頭痛を起こしにくい赤ワインの製造が可能である。

④チラミンは生体内で、モノアミンオキシダーゼ[19]（チラミン、ヒスタミン、ノルアドレナリンなどのアミノ基を一つだけ持つバイオジェニックアミンを分

解して、それらの働きを調節している酵素）という酵素によって代謝され、その機能を失う。このモノアミンオキシダーゼの活性に関しては、個人差が大きいので、頭痛になる人と全く問題のない人が存在する（活性の弱い人が、チラミンの多い赤ワインを飲むと頭痛になる）。

これらの事実から、最近では、マロラクチック発酵に用いる乳酸菌として、チラミン生成能のない*Oenococcus oeni*が推奨され、使用されているため赤ワインによる頭痛の発生は大幅に減ると思います。

ワインに入っている食品添加物は？

ワインに入っている食品添加物は、当然のことながら、ラベル表示が義務づけられていますが、よく目にするのは、亜硫酸、ビタミンC（アスコルビン酸）、ソルビン酸だと思います。

このうち、亜硫酸に関しては、既に説明してあるので、ここではビタミンC

とソルビン酸について少し解説します。

ビタミンC

ビタミンC（アスコルビン酸）は水溶性の抗酸化作用を持つビタミンとして広く知られていますが、種々の食品の酸化防止剤としても使用されています。

ワインでは、オーストラリアを中心にニュージーランド、欧州などでも酸化防止剤として使用されています（表示は、「酸化防止剤（ビタミンC）」または「酸化防止剤（アスコルビン酸）」の表記が多い）が、そのワインへの使用には賛否両論があります。

その理由は二つあります。一つは、ビタミンCは自身が酸化されることによって酸化防止効果を示しますが、その酸化生成物である酸化型アスコルビン酸（デヒドロアスコルビン酸）の反応性が高く、アミノ酸などと反応して褐色の物質を生成し、ワインの色を損なうことがあること。もう一つは、ビタミンCがこのように酸化される際に過酸化水素という酸化力の大きい活性酸素（通常の酸素よりも反応性が高い酸素。詳細は後述）ができることです。

これらの欠点を補うためには、過酸化水素を消去したり、酸化型アスコルビン酸の反応を抑制できる亜硫酸との併用が不可欠です。亜硫酸の量は、亜硫酸単独使用の場合よりも減るようですが、使用にはかなりの経験が必要とされます。

個人的には、ビタミンC添加の必要性は全く感じません。当然のことながら、ワインに添加する量では、栄養素としてのビタミンの効果は全くありません。

ソルビン酸

ソルビン酸は、主として甘口のワインに添加される食品添加物です。

その作用は、酸化防止効果は全くありませんが、抗菌活性（殺菌作用はないが、酵母、細菌の増殖を抑える作用を持つ）を有しています。そのためボトリング後のワイン中で酵母が再増殖するのを防ぐのに使用します。

ボトリング時には、ワインを加熱して酵母などを殺菌するか、細かいメンブレンフィルターというフィルターでろ過して酵母を除きますが、その工程がうまくいかず、生きた酵母がワイン中に残っていると、甘口ワインの糖分を使って、酵母の再増殖が起こり、ワインが濁ったり、ボトル内で発酵が始まり、その際に発生する二酸化炭素の圧力で栓が飛んだりします。

殺菌、除菌工程が完璧であれば、ソルビン酸はいらないのですが、安全のためにソルビン酸を入れた甘口ワインは時々見かけます。ただしこのようなワインは数カ月するとソルビン酸が分解し（特に光に弱い）、不快な香りが出てくるので、望ましいとは思いません。

ちなみに、ワインには亜硫酸が入っているので多少の殺菌効果はあるのですが、有効な亜硫酸（遊離亜硫酸）は徐々に減っていくので、ソルビン酸に頼ることになります。

また、通常のワイン酵母である*Saccharomyces cerevisiae*の場合には亜硫酸で殺菌できますが、*Zygosaccharomyces Bailii*という汚染酵母は亜硫酸に対して耐性があり、アルコール存在下でも平気で増殖します（酵母再増殖の原因酵母はこの菌の場合が多い）。念のための安全策ですが、その対策としても、ソルビン酸の使用はなくなりません。

ワインにオリが出ていますが、大丈夫でしょうか?

ワインのオリに関しては、英国、日本の消費者は特に敏感なようです。そこで、ボトリング後のワインに発生するオリに関して解説します。

酒石のオリ

最も頻繁に生ずるオリです。特にワインを冷やした時に底に結晶がオリになって出てくることがあります。このオリは、酒石と言って、酒石酸とカリウムが結合した酒石酸カリウム(正確には、酒石酸の二つの酸部分のうちの片方のみがカリウムと結合した酒石酸モノカリウム塩)です。

通常は白色ですが、赤ワインなどでは、ワイン中の色素(アントシアニン)を巻き込んで、赤色や褐色の場合もあります。かなりきれいな、キラキラした結晶であることが多いので、識別は比較的簡単です。たまにですが、酒石酸カルシウムのオリが出ることもあります。

この酒石酸もカリウムもカルシウムも100%ブドウ由来なので、飲んでも全く問題はありませんが、嫌がる人もいるので、ボトリング前に、ワインをマイナス5℃で1週間ぐらい冷却して、酒石を落とすだけ落としたり、電気透析という方法で酒石を減らした（酒石安定化）後に、ろ過をして、冷蔵庫で冷やしても酒石が出ないようにするのが通常です。この酒石安定化の工程は、ワインの味成分の沈殿、ろ過による香味成分の減少を伴うため、本来ならば、やらない方が、ワインの香味としてはよいのですが……。

タンパク質のオリ

あまり多くはありませんが、白ワインがボヤーとして不透明な場合は、タンパク質のオリ（オリというより濁り）と考えてください。

このタンパク質の濁りを防止するために、白ワインでは、ベントナイトという粘土鉱物の粉末（人体に無害で、かつ、ワインに残留しない）を入れて、タンパク質除去を行うのが通常です。

赤ワインでは、ワイン中でタンパク質がポリフェノール類と複合体を形成して、沈殿するので、タンパク質含有量が少なくなるため、ベントナイト処理は通常不要です。

なお、このタンパク質もブドウ由来なので全く無害です。

微生物の増殖

前に述べたように、ワイン中で酵母が再増殖したり、稀に乳酸菌が増殖したりすることがあります。ひどい時には、酵母が増殖と共に発酵して、二酸化炭素を生じ、栓が飛ぶこともあります。

ボトリング前の段階でのワイン中の微生物の殺菌、または除菌が完全であれば、この問題は起こりません。

タンニンのオリ

赤ワインで底に赤っぽい沈殿が見られることがあります。これは、ワイン中のタンニン、アントシアニンなどがオリとなったものです。これを防止するためには、酒石対策と同様に冷却処理をして、ろ過することが必要ですが、特に赤ワインはろ過のたびに肝心の味の成分まで減少するので、これを嫌うワインメーカーも、フランスを中心にかなり多く存在します。

すべてブドウ由来なので、筆者はこのようなオリは許容すべきと考えます。

ごく稀にですが、ビンの内壁に赤色の色素が広く貼りつくことがあります(これをラッカーと呼んでいる)。この場合は、アントシアニン、タンニンの粉末を外から添加している可能性があります。法的なことは別にして、人体には全く害はありませんが……。

コルク破片の混入

コルク栓のワインでは時々、コルクの一部がはがれて、ビンの底に沈んだり、表面に浮いていることがあります。大部分が、ナチュラルコルクの場合です。

当然、ボトリング時には検査を行っていますが、輸送中などに発生するので、ナチュラルコルクを使用する以上、避けられない問題だと思います。是非ご理解ください。

ちなみに、コルク、それに使用するコーティング剤ともに、食品グレードのものしか使われていません。

Chapter 3

…

ワインの基本、味、香りについての疑問

ワインのボディー（Ｂｏｄｙ）とは？

ワイン、特に赤ワインのタイプは「ボディー」という言葉で表現されることが多いようです。筆者は勝手にこの言葉は女性のボディー由来と考えています。

これを一言で代替する言葉は日本語には存在しませんが、「コクのある」「重厚な」「濃厚な」「ふくよかな」などの意味を併せ持つ言葉と考えてよいと思います。

市販ワインの裏ラベルを見ると、「フルボディー」「ミディアムボディー」「ライトボディー」などの説明表示が見られます。しかしながら、「フルボディー」のワインは「コクがあり」「濃厚な」傾向があるものの、その表示基準はメーカー、インポーターによってバラバラで、「フルボディー」の表示を疑うワインも少なくありません。

当然のことながらワインは嗜好品なので、どのタイプを選ぶかは各個人の好みの問題で、ボディーによって本質的な品質レベルの差があるわけではありません。

ただ、長期の熟成に耐える赤ワインはフルボディーである必要があることから高価な赤ワインでは、フルボディーの傾向が顕著と言えるでしょう。

また最近は、赤ワイン中のポリフェノール類の健康促進効果が知れ渡ったためか、ポリフェノール類を多く含む赤ワイン（ほとんどがフルボディー）を好む消費者が増加しているようです。

では、赤ワインのこのボディーの相違は、ワインのどんな成分に起因するのでしょうか？

残念ながら現状では、「ボディー」という表現の曖昧さ、並びに人間の味覚の複雑さ、高度さのために、100％満足のいく説明は不可能と考えます。

ここでは、現在までに科学的にわかっている範囲内で、赤ワインのボディーに寄与する成分について説明したいと思います。テーマの性質上、化合物の名前などが出てきますが、面倒な方は読み飛ばしてください。

甘口ワインの場合は、そこに含まれるブドウ糖、果糖などの糖分が、ある種の濃厚感を与えるため、糖分の少ない辛口の赤ワインのみを対象とすることにします。

説明をわかりやすくするために、筆者の主観が入ることをお許しいただき、結論から先に述べたいと思います。

赤ワインのボディーに寄与する二大主要成分は、アルコールとポリフェノール類（特に、縮合型タンニン。用語解説③参照）です。これらによって、ボディーの80％は説明可能と考えますが、残りの20％に影響を与える成分としては、有機酸（ブドウ由来の酒石酸、リンゴ酸とマロラクチック発酵で生成する乳酸）、酵母が食べられないためにワイン中に残存する糖分、ミオイノシトール、アルコール発酵で生成するグリセロール（甘みがある程度あり、ワインに粘性を与えるので重要な成分）、ブタンジオールなどが挙げられます。

また、ブドウ由来の香り（第一アロマ）や発酵中にアミノ酸から生成する香り成分（第二アロマ）、熟成中に樽から溶出する香り（ブーケ）、味成分もボディーの要素の一つになります。

さらに従来は、ボディーへの寄与があまり認識されていませんでしたが、ブルゴーニュなどの高級赤ワインでグルタミン酸、プロリン、アルギニンなどの旨み系のアミノ酸の含有量が高いことから、ブドウや酵母由来のアミノ酸もボディーの一翼を担っていると考えられます。

赤ワインのボディーとアルコール濃度との関係は、古くから経験的に知られています。アルコールはワインの粘性を高めることによってボディーを付与するので（一説によれば、アルコール濃度が3％上昇すると粘性が約10％増加すると言われる）、フルボディーの赤ワインであるためには、アルコール濃度が比較的高いことが必要です。

少数の例外を除いて、フルボディーと言われる赤ワインのアルコール濃度は13％（容量％）以上になります（ただ、アルコール濃度が高すぎると、ワインの香りが抑制されてしまう）。

ポリフェノール類は、主としてブドウの果皮、種子由来で、赤ワイン中の含有量は、ブドウ品種、収穫年、ブドウの栽培方法、産地、ワイン醸造方法によって大きく異なります。

最もポリフェノール含有量の高い品種と言われているのは、フランス・マデイラン地方の主要品種タナ（Tannat）種（ポリフェノールの主要成分であるタンニンが多いところからその名がついた）です。他にも一般的にフルボディーの赤ワインの原料として多用されるカベルネソービニヨン、シラー（オーストラリアではシラーズと呼ばれる）、ネッビオーロ、サンジョベーゼ、テンプラニージョ、アリアニコなどの品種もポリフェノール含量の高い品種です。

また、ブルゴーニュの高級赤ワインの原料となるピノノワールに関しては、ポリフェノール含量はこれらの品種より低く、そのボディーを説明するのが難しい品種です。

ポリフェノール類の中で特にボディーと密接に関係するのは縮合型タンニンと呼ばれる物質群で、赤ワインに濃厚感を与えると同時に、唾液中のタンパク質と複合体を作ることによって、飲む人に渋みを感じさせ（人間には渋みを感じる受容体細胞はないため、縮合型タンニンはこのような複合体形成を介して、唾液の粘性を低下させ、結果として口中に渋みの感覚を誘導する）、赤ワインにボディーを与えるのです。ちなみに、この縮合型タンニンは、後述のように、赤ワインの機能性、健康増進作用の中軸を担う成分でもあります。

赤ワインの赤色の本体であるアントシアニン類もポリフェノール類の主要成分の一つです。このアントシアニン類は、リトマス試験紙のように酸性、アルカリ性で色が変わる色素です。ポリフェノール類含有量が高いワインでは、概して、アントシアニン類も多い傾向があるため、一般的に、赤色の濃い赤ワインほどボディーがあることになります。

余談ですが、渋みは温度が低いほど（41ページ図2参照）、酸度が高いほど（pHが低いほど）強く感じます。白、ロゼと異なって渋み成分の多い赤ワインでは、マロラクチック発酵によってリンゴ酸を比較的酸度の低い乳酸に変えた方が、渋みがマイルドに感じられます。また赤ワインの方が白、ロゼワインよりも高めの温度で飲んだ方が渋みとのバランスがよくなることなども、このような理由である程度説明が可能です。

最もこのあたりは、各個人の嗜好の問題なので、判断はお任せしますが。

一口に「フルボディー」と言っても、豊満な女性を「グラマー」だけでは表現できないように、様々な「フルボディー」が存在します。

力強く若々しいタイプ、脂っこさを感じるような濃厚なタイプ、成熟したバランスを感じるタイプなどが典型的な例だと思います。これらのタイプの違いは、後で詳しく説明しますが、縮合型タンニンがワイン中の有機酸などによって分解され、これもワイン中に存在するアセトアルデヒドを介して再び重合(比較的小さな化合物が、二つ以上結合して大きな化合物を作ること。例えば、エチレンが重合するとポリエチレンになる)したりして、アントシアニン類などと反応することによる渋みのマイルド化などの熟成反応に主として依存しています。

特に、成熟したバランスのある赤ワインは、価格の高いものが多いようですが、「フルボディーの中のフルボディー赤ワイン」と言っても過言ではないと思います。

ワインのミネラル感、ミネラリティーとは?

よく聞くワイン(特に白ワイン)の評価で、「このワインはミネラル分に富んでいて〜」とか「ミネラル分を感じるワイン」という表現があります。また、比較的最近になって、同じような意味と思われる「ミネラリティー」という言葉が、米国、英国を中心に使用されるようになり、わが国でもこの表現が定着しつつあるようです。

しかしながら、その使い方は人によってバラバラであり、一般の消費者にとってははなはだ不親切な表現であることは否めません。フレッシュな白ワインを思い浮かべる人、コクのある白ワインを想像する人、旨みのあるワインと表する人、土壌中に含まれるミネラル分を連想させる香味のあるワインと定義する人など、方向性が一貫せず、混乱状態にある表現と言っても過言ではありません。

この種の香味に関しては古くから、シャブリの「湿った石の香り」、モーゼルリースリングの「スレート（粘板岩）香」など、多くのわけのわからない表現が知られていますが、ミネラリティーも含めていずれも単なる感覚的な表現と考えるべきでしょう。

ワインの原料となるブドウは、根以外から吸収される酸素、水素、炭素と根から吸収される窒素、塩素、硫黄、ミネラル分（鉄、マンガン、リン、カリウム、カルシウム、マグネシウム、銅、亜鉛、モリブデン、ホウ素、ニッケルがブドウにとって必須のミネラル分）を必要とします。これらの成分はブドウを介してワイン中に移行します。

このうち、今回の主役であるミネラル分に関しては、ワイン中に存在する量レベルでは香味は全くありません。ドイツワインなどで、高く評価されるワインの方がカルシウム、マグネシウムが高い傾向がみられるとの研究報告はあるものの、通常では、ミネラル分がワインの味に寄与することは考えられません。まして香りに至っては、「ミネラルの香り豊かな」などの表現は全く誤りと言ってもよいでしょう。

また、ミネラル分の含量の低いワインが、「ミネラル感がある」と表現される場合も多々あります。

断っておきますが、そのような表現をする人たちの感覚を否定しているわけではありません。むしろ、鋭敏さには尊敬の念を持っています。ただ、ワイン中の何の成分をとらえて、ミネラル感と言っているのかと言えば、それはミネラル分ではなく、他の成分だと思っています。

では、このような表現をする人は具体的に何を感じてミネラル感と表現しているのでしょうか？ 少し科学的な説明になりますが、独断と偏見に満ちた自説を披露したいと思います。

「ミネラリティーを感じるワイン」を詳細に見てみると、窒素源の不足した痩せた土地で栽培されたブドウを原料とする場合が多いようです。

果汁を発酵させてワインに変えてくれるワイン酵母は、その増殖と代謝に、最低限以上の窒素源を必要とします。従って、このような土壌由来のブドウの場合は、酵母にとって必要最小限のレベルの窒素源を果汁に補って発酵を行うことがしばしばあります。窒素過多のブドウからはよいワインはできないので、このような痩せた土壌（ブルゴーニュが好例）から偉大なワインができる一因は、このように果汁の窒素含有量を適度に調整できるからだと筆者は思っています。

ところが、加えた窒素源が十分でないと酵母が感じた場合は、酵母は果汁中のアミノ酸などを分解して窒素源を確保しようとします。このアミノ酸の中には、システイン、メチオニンなどの分子中に硫黄を含むものがあり、それらの分解によって、硫化水素（温泉卵の臭い）、メルカプタン類、スルフィド類などの硫黄を含む異臭、異味物質が生成します。これらの物質は量が少ない場合は、岩石や鉱物を連想させる香味を感じさせることが度々あります。

また、量が多いとワインの品質にとってネガティブなピラジン類（ソービニヨンブランではある程度は必須）も、微量の場合には同様の香味を呈します。少なくとも「ミネラリティー」の一部は、このような化合物に起因すると考えられます。

優良なリースリングワインでは、熟成と共に、トリメチルジヒドロナフタレンという物質が結合していた糖から切り離されてゴム臭的な香りを呈することがあります。人によっては、この香りをミネラル感と表現していますが、これはいかがなものでしょうか？

以上のように、ミネラル分そのものの「ミネラリティー」への直接的な寄与は、香味を持たないがために、ないと考えられます。

ただ、ワイン酵母の代謝がミネラル分の影響を受け、その代謝産物が「ミネラリティー」に影響している可能性は十分にあると思います。例として、カリウム、カルシウム、マグネシウム、バリウムなどのミネラル分が果汁の酸度

（pH）に影響し、果汁の酸度を介して酵母の代謝に影響することは十分考えられます。また、鉄、銅などが比較的高い場合は、ワインの劣化を促進するので、この影響も多少は考えられます。

冒頭に述べたように、「ミネラリティー」は感覚的表現ととらえるべきとは思いますが、上記のような物質や間接的な酵母の代謝による影響を認識している可能性は否定できません。それにしても、「ミネラル」という表現は不適切ではないでしょうか。

ドライ（Dry）とは？

ワインの味の表現で「Dry」という言葉をよく聞くと思います。ご承知のように、「Dry」は英語で、「乾燥した」「無味乾燥な」と同時に「さっぱりした」「辛口の」などを意味します。ワインの場合は、「Dry」は辛口を意味します（フランス語ではSec、スペイン語ではSeco、ドイツ語ではTrocken）。

ワインの裏ラベルを見ると、味の表示に、辛口、やや辛口、中口、やや甘口、甘口（Dry、Semi-dry、Medium、Semi-Sweet、Sweet）などの表示があります。この基準が決まっていないのが問題なのですが……。その中で、「Dry」は辛口に当たります。

ワインの甘みは、大雑把に言うと、糖分とグリセロールによります。辛口ワインの場合は、糖分がほとんど残っていないか非常に少ないワインを指します。しかしながら、通常のワインの場合には、グリセロールはかなり残っているので、「Dry」なワインでもわずかな甘みは感じるはずです。

ところが、ワインの一種であるシェリーの中で産膜酵母に覆われて熟成する「Dry」なフィノ、アモンチラードなどは、グリセロールが産膜酵母によって代謝され、消失してしまうので、ほとんど甘みを感じなくなります。もっとも、アルコール自体に若干の甘みがありますが。この状態を「Bone Dry」と呼んでいます（ラベル表示は「Dry」）。

また、フランスワイン、特にシャンパンの場合は、Sec（Dry）よりもさらに辛口なものを「Brut」と呼んで区別しています。

いずれにしても、ボディー、甘辛の表示は、基準はバラバラですが、ワインを選ぶ際の参考にはなると思います。

「鉄分を感じるワイン」とは？

「鉄分を感じる」とか「鉄分豊かな」などの表現もよく目や耳にすると思います。

前述の、「ミネラリティー」同様、ワインの鉄含有量とは全く関係がありません。「鉄分に富んだワイン」の鉄含有量を分析してみると、含有量がかなり低かったりするケースもしばしば見られます。鉄はワイン中に、通常、1～10mg／L含まれますが（10mg／Lを超えるとワインの濁りの原因となることがある）、このレベルでは鉄は全く味を持ちません。

「鉄分を感じる」人が何に反応しているかはよくわかりませんが、この表現も単なる感覚的な表現と考えるべきだと思います。

ワイン中の鉄分に関連して、ワインと魚の相性に関してメルシャンの田村隆幸氏等の興味あるデータがあるので紹介します。

通常の魚臭はジメチルアミン、魚の生臭みはトリメチルアミンという化合物に由来します。魚は時間が経つにつれて、トリメチルアミンオキシドという物質をある種の細菌が生臭みのあるトリメチルアミンに変えます。さらに進むとアンモニアが発生します。これを防ぐためには新鮮なうちに食べるか、保存する場合には、この細菌が増えないように冷蔵することが必要です。

「よく魚と赤ワインを合わせると、生臭みが出る」という話を聞きますが、これは、後述のように、赤ワインというよりも、「鉄含有量の高いワインと魚を合わせると生臭みが出る」というのが正しいようです。

魚の中にはドコサヘキサエン酸（DHA）、エイコサペンタエン酸（EPA）などの不飽和脂肪酸（炭素—炭素二重結合を持つ脂肪酸。Chapter4参照）が豊富に含まれており、これらの成分は健康維持に大きな効果があるとされています。ところが、魚と鉄分の高いワインを合わせると、DHAやEPAが酸素と反応してできる過酸化脂質（コレステロールや中性脂肪が、酸素やそれより反応性の高い酸素である活性酸素と反応してできる）と呼ばれるものを作ります。これがワインの中の鉄分（鉄分の中で二価鉄イオンまたは鉄（Ⅱ）イオンと呼ばれるもの）の触媒（化学反応を促進する物質）によって分解され、ヘプタジエナールという生臭みのある物質を生成することがわかりました。

この結果から、「魚と合わせるワインは鉄分の低いものを選んでください」と言いたいところですが、鉄分の高低は、ワインを見ても、飲んでもわかりません。困ったものです。ちなみに、前にも触れたように、筆者は、魚には日本酒か焼酎に決めています。

ワインのコルク臭（ブショネ）とは何？

レストランでワインを注文すると、ソムリエさんが栓を開け、グラスに少し注いで、ホストと思われる人（または偉そうな人）にテイスティングを依頼します（この時にカッコよく対応する方法はコラム4参照）。

この儀式は、ワインにコルク臭が付いているかどうかを見るために行うものです。コルク臭があれば、ワインは交換してもらえます。

コルク臭というと誤解を招きやすいのですが、これはコルクそのものの臭いではありません。結論からいうと、臭いの本体はトリクロロアニソールという物質で、カビ臭に近いような臭いを持っています。

では、この化合物はなぜ出現するのでしょうか?

コルク(ナチュラルコルク)は天然のコルクガシという樹の皮から作られます。

剝《は》いだ皮を乾燥させ、次亜塩素酸ナトリウム溶液で漂白して、コルクに成型するのですが、コルク臭はこの過程の中で、二つの要素が組み合わされると生成されます。

第一は、皮を乾燥させる段階である種のカビが生えることによって、コルクのリグニン質(高等植物に存在する高分子のフェノール化合物〈ベンゼン環等の芳香環に結合したヒドロキシ基—OHを持つ化合物〉で、スベリン質、セルロースと共に、コルクの主要成分の一つ)からアニソールという物質が生じることです。第二は、次亜塩素酸ナトリウム漂白の段階で、水洗いが不十分で塩素が残留し、それがアニソールと反応してトリクロロアニソールが生成する段階です。

通常は、漂白の後、水洗いを十分に行って塩素をきれいに洗い落とすので、塩素が残留せず、コルク臭は出ないのですが、たまたま塩素が残留するとコルク臭の生成につながってしまいます（トリクロロアニソールは、10ppt〈10万分の1mg／L〉というごく低濃度で感知されるので、非常に厄介）。

ちなみに、筆者の勝手な思い込みかもしれませんが、欧州のコルク主要産地では、コルク臭は週末製造のロットで発生が多いような気がします。週末は、作業員の方々もソワソワしているのではないでしょうか。

一昔前は、ビン入りビールの栓（王冠）の内面にコルクが貼りつけてあったので、その頃は、ワインに限らず、ビール、さらにはウイスキーでもコルク臭は悩みの種だったようです。

余談ですが、このコルク臭（トリクロロアニソール）は、それ自体がヒトの臭いの受容体を刺激するのではなく、ごく低濃度で嗅覚を遮断することによって、ある意味では、嗅覚に誤った感覚を誘発することによって、感知されることが、最近、明らかになっています（2013年9月16日Proceedings of National Academy of Science of The United States of Americaオンライン速報版）。

Column 4

レストランでワインをかっこよく頼むには

レストランでワインを注文すると、ソムリエさんが、注文した人やワインがよくわかっていそうな人のグラスにワインを少し注いで、テイスティングを求めます。これは何のための儀式なのでしょうか？

答えは、ワインにコルク臭（ブショネ）がないことを確認するためです。コルク臭があって、ソムリエさんが確認、納得すれば、別のボトルに替えてもらえます。

コルク臭とは、コルクの香りではなく、コルク製造の際にカビ、塩素、コルクの成分が関与してできるトリクロロアニソール（TCA）という物質の臭いで、カビ臭に似ています（詳細は80ページを参照）。数百本から数千本に1本ぐらいの割合でしか発生しませんが、打栓前のコルクの段階で選別することはほぼ不可能なので、打栓したワインのテイスティングでコルク臭のあるものを排除するしか方法が無いのです。

よく中年のおっさんが会社の同僚（部下？）の女性たちを連れて、ワインを注文した後、テイスティングをして、ソムリエさんに能書き、文句を言っているのを見かけますが、これはみっともないのも甚だしい姿です。

女性たちに対する下心がミエミエです。ワインは自分で選んだので、責任は自分にあります。この場合は、そのワインが著しく劣化している場合を除いては、交換は不可能です。自信がなければ、選ぶ時に、ソムリエさんに相談するとよいでしょう。

テイスティングして、コルク臭がなければ、ソムリエさんに向かって軽くうなずくのがかっこよくワインを頼むコツです。是非、試してみてください。

また、ワインの温度が高い時は、「少しワインクーラーで冷やしてください」などとお願いするのは全く問題がありません。

ちなみに、合格を出した後、ソムリエさんは、まず女性、次いでテイスティング者以外の男性のグラスにワインを注いで、最後にテイスティングした人に注ぐのが一般的な順序です。

ワインの異臭（オフフレーバー）にはどんなものがあるでしょう？

極端な言い方をすると、ワインの欠陥は香りだけで見分けることができます。もっとも、香りと味の相関などの知識の積み重ねは必要ですが。

ワインの欠陥臭（オフフレーバー）（表2参照）は大別して四つに分けることができます。すなわち、①ブドウ、②醸造・熟成、③資材に起因する臭い、④ボトリング後の劣化による臭い（劣化臭など）です。

以下に順番に説明していきたいと思います。

ブドウに起因する欠陥臭

ワイン造りにおいて、最も重要なのは、原料であるブドウであることは今さら言うまでもないと思います。健全なブドウを完熟させて使用するのが基本中の基本です。しかしながら、管理が不十分だと、カビの病気に汚染されたブドウが混入し、そのためにワインに異臭が生ずることがたまにあります。

表2　ワインのオフフレーバー

名称	香りのタイプ	原因物質	生成原因
コルク臭（ブショネ）	カビ臭さ	2,4,6-トリクロロアニソール他	コルク材のカビ汚染と残留塩素の反応
馬小屋臭（フェノレ、ブレット）	バンドエイド臭、汗臭い臭い、スモーキーな香りが混合	4-エチルフェノール、4-エチルグアヤコール、イソバレリアン酸	酵母ブレタノマイセスによる汚染（特に樽貯蔵中）
つわり香（ダイアセチル臭）	バター様の香り	ダイアセチル	マロラクチック発酵での不適正な乳酸菌の使用、不適正な発酵条件
アセトアルデヒド臭	ワラ臭、青臭さ	アセトアルデヒド	不適正な発酵条件、産膜酵母汚染、ワインの酸化、亜硫酸不足
酢酸臭	酢の臭い（保存に伴い酢酸エチル臭を伴う）	酢酸（徐々に、エタノールと反応して酢酸エチルが生成）	原料ブドウの汚染、酢酸菌汚染
亜硫酸臭	刺激臭	亜硫酸	過度な亜硫酸添加
ネズミ臭	ネズミの臭い	2-アセチル-3,4,5,6-テトラヒドロピリジンなど	不適正なマロラクチック発酵条件、高pH果汁
土臭	土臭さ	ゲオスミン、メチルイソボルネオール	ブドウの灰カビ病菌、放線菌、ある種のペニシリウム属のカビによる汚染
きのこ臭（マッシュルーム）	マッシュルーム様の臭い	1-オクテン-3-オン、1-ノネン-3-オン、3-オクタノール	ブドウのカビ汚染
硫化臭	温泉卵臭	硫化水素	不適正な発酵条件、果汁の窒素源不足
ソルビン酸分解臭（ソルビン酸添加ワインのみ）	ゼラニウム様の臭い他	2-エトキシヘキサ-3,5-ジエン（ゼラニウム臭）、他に4-オキソ-2-ブテノイックアシドなどによる臭いあり	乳酸菌によるソルビン酸の分解、ソルビン酸の光分解
酪酸臭	バター様の臭い	酪酸	酪酸菌汚染

例えば、ブドウが酢酸菌に汚染されていると、発酵で生じたアルコールから酢酸が生成されて、酢酸臭のあるワインになってしまいます。このようなワインは、時間が経つと、酢酸とアルコールが反応して、酢酸エチルができ、一昔前の接着剤であるセメダインのような臭いがするので、大多数の消費者から敬遠されます。

また、ある種のカビや放線菌で汚染されたブドウの混入によって、マッシュルーム臭（ワインでは望ましくない）や土臭さのあるワインができることがあります。

さらには、十分に熟成していないブドウを使用した場合には、未熟香と呼ばれる青臭い香りがワインに生じることが多々あります。有機ワインやビオワインの場合も、カビによる汚染との闘いで完熟前に収穫することが多いため、同じ欠点を持っているものがかなり多く見られます。また、ビオワインなどで、酸化防止剤の亜硫酸をあまり使用しないワインでは、違う種類の青臭い香りがある場合があります。この場合は、発酵で生じ、亜硫酸と反応して無臭になるアセトアルデヒドが、亜硫酸不足のため、ワイン中に多量にフリーで残留し、青臭い香りを発している場合がほとんどです。

醸造・熟成工程に起因するもの

健全な完熟ブドウを使用しても、果汁の処理、発酵、熟成で管理不足や微生物汚染があると、異臭が生じ、ワインの品質的価値が大きく下がるケースがあります。

まずは、前述のアセトアルデヒド。アルコール発酵の場合、アルコールはアセトアルデヒドを経由して生成します。発酵がうまく進まないと（または途中で自然に停止すると）、アセトアルデヒドからアルコールの転換が不十分になり、アセトアルデヒドがかなり残ります。亜流酸が十分にあれば、アセトアルデヒドは亜硫酸と反応して無臭の物質に変わりますが、不足すると、アセトアルデヒドがそのまま残留し、青臭い香りが残ってしまいます。

ただ、シェリーのフィノやアモンチラード（Chapter5参照）では、樽熟成中に産膜酵母（Chapter5参照）が作るアセトアルデヒドが、シェリーの特徴香の中心となるので、通常のワインとは分けて考えてください。

また、果汁中の窒素源が不足している場合、発酵が途中で自然に停止してしまった場合、極端に酸素が不足する条件では、硫化水素が発生して、温泉卵のような香りが出てくることがあります。この硫化水素はさらにワイン中の成分と反応し、ジメチルスルフィッドなどの異なった香りの異臭も発生することが多いようです。

乳酸菌によるマロラクチック発酵も、時として、異臭の原因になります。マロラクチック発酵を自然に（乳酸菌を添加せずに）行う場合、ラクトバチルス属（ラクトバチルス・ブレビスなど）、オエノコッカス・オエニ（1995年まではロイコノストック・オエニとされていたが、DNA解析の結果、ロイコノストックとは別の属に独立）、ペディオコッカス属などの乳酸菌が増殖し、リンゴ酸を乳酸に変えますが、ペディオコッカス属が増殖した場合、バター様の香りを持つダイアセチルが増え過ぎ、ワインの品質を損なうことがしばしばです（現在では、市販の優良乳酸菌の乾燥品を添加することによって防止できている）。

また、果汁のpHが高すぎる場合などには「ネズミ臭」という異臭が出てくることもあります。

さらには、近年、大きな問題となっている異臭は、ブレタノマイセスという酵母汚染（樽での貯蔵中に汚染する場合がほとんどだが、ブレタノマイセス自体は既にブドウの段階で存在）によって生ずる「馬小屋臭（ブレットやフェノレと呼ばれる）」です。

この原因物質は、ブレタノマイセスが生成する4－エチルフェノール、4－エチルグアヤコール、イソバレリアン酸ということがわかっています。

細菌による汚染では、前述の酢酸菌以外に、酪酸菌による汚染で酪酸臭が出る例も少なくはありません。

資材に起因する異臭

何といっても、ワインの異臭で最も例が多いのは、不良コルクに由来するコルク臭（トリクロロアニソール臭）でしょう。これについては、前に触れたので、重複説明は省略します。

この他、紙パック入りワインで、内面のコーティング剤の層にピンホールが生じ、「紙臭」が出るケース、ろ過の際のろ紙から紙のような香りが生ずるろ過臭なども稀に観察されます。

ボトリング後に発生する異臭

どんなワインでもピークの期間を過ぎると、品質は低下していきます。その原因は、大部分が、ワインの成分と酸素の反応であることは既に述べました。

このような過度の酸化による品質低下には、タンニン、アントシアニンなどのポリフェノール類の酸化（味、色の変化やオリの発生）、ブドウ由来のアロマ（第一アロマ）成分の酸化（香りの変化）、アルコールの酸化によるアセトアルデヒドや酢酸の増加（香りの不良化）がありますが、ワインのいわゆる「劣化臭（酸化臭）」に最大の寄与をするのは、アセトアルデヒドです。

ボトリング時点では、正常の範囲内の濃度であっても、アルコールが徐々に酸化してアセトアルデヒドが増えてきます。遊離の亜硫酸（Chapter2参照）があるうちはアセトアルデヒドと反応して無臭化するので臭いませんが、ボトリング後、遊離亜硫酸が減少していき、かつアセトアルデヒドが増加するとフリーのアセトアルデヒドが増え、劣化臭が出現します。場合によっては、アセトアルデヒドがさらに酸化して酢酸も増加してきます。

このような、「劣化」したワインであっても、人体には無害ですので、念のため。

料理の種類にもよりますが、調理に使用することも少なくありません。また、デザートにマディラ・ワイン（ポルトガルのワインで、ワインにアルコール添加後、加熱して酸化させて造る。主として甘口なので食後酒に飲まれることが多い。また、デザート作りにも頻繁に使用される）の代わりに使用するのも一つのアイデアでしょう。

ボトリング後のワインの異臭の話題をもう一つ。

Ｃｈａｐｔｅｒ2で述べたように、甘口のワインに時として、酵母の再増殖を防ぐために、ソルビン酸が食品添加物として加えられています。ソルビン酸自体は無臭ですが、ボトリングから数カ月経つと、それを含むワインには、ソルビン酸の光などによる分解のために特異な不快臭が発生します。その本体は、（E）－ブテンジオイックアシドメチルエステルと（E）－4－オキソ－2－ブテノイックアシドであることがわかっています。化合物名は特に必要はありませんが、我々がこれらを分離、構造決定したので、あえて付記させていただきました。

バッグイン入りのワインなどは、やや甘口のものが多いため、ソルビン酸が添加されている場合が多く、このソルビン酸分解臭が悩みの種になっています。

Chapter 4

…

身体にやさしいワイン！

ワインに関しては健康に及ぼす効果がかなり多く報告されています。しかしながら、かなり情報が混乱していることは否めません。そこで、ここでは、それらに関して、筆者の考えも含めて解説してゆきたいと思います。

なお、薬事法に抵触してお縄になりたくないので、効能、効果に関しては断定的な表現は極力避け、世界中の研究報告、論文から現在までに得られている知見をまとめることにします。あらかじめご了承ください。

ところどころに難解な用語が入っていますが、それらがわからなくても内容を理解できるように工夫してあります。そのような用語のうち、主なものには番号を付して、巻末に解説を加えました。興味ある方のみご参照ください。

また、ワインはあくまでもアルコール飲料なので、飲み過ぎればアルコールの害があることは言うまでもありません。適正飲酒を心がけてください。

筆者が言ってもほとんど説得力がないかもしれませんが。

ワインは健康維持に役立つか？

ワインに関しては、古くから、アルカリ性食品（飲料）としての健康維持効果が指摘されています。特に近年になって、主として赤ワインの強力な抗酸化作用を背景に、様々な分野で、健康への好影響を示唆する統計学的、あるいは科学的根拠が学会や科学ジャーナルで報告されつつあります。ここでは、それらの報告を筆者の独断で取捨選択、整理して、紹介してゆきたいと思います（表3参照）。

ワイン中のミネラル分の働き

ワインはかなりの量の有機酸（酒石酸、リンゴ酸。赤と白の一部は乳酸も）を含むので、pH（酸性、アルカリ性を示す尺度。7・0が中性、7を超えるとアルカリ性、7未満は酸性）を測定すると酸性を示します。しかしながら、ワイン中には、ミネラル分、特に体内でアルカリ性ミネラルとして機能するカリウムが豊富に含まれることから、アルカリ性食品に属します。

ヒトの体液は細胞内液と細胞外液から成っており、細胞内液が体重の40%、細胞外液（組織間液、体腔液、骨や結合組織中の水分、血液に含まれる液体成分である血漿《けっしょう》など）が体重の20%を占めています。

細胞内液のpHは7・0、細胞外液のpHは7・4に厳密に保たれていて、例えば、細胞外液のpHが7・3以下になると生命が危険にさらされます。カリウム、カルシウムなどは、この体液のpHの維持に重要な働きをするので、カリウムを多く含むワインは、身体にやさしいお酒と言えます。

また、ワイン中のカリウムは、過剰に存在すると人体にとって有害なナトリウムを細胞外に出す作用、さらには、痛風を防止する作用があると言われています。

ヒトは、海で生まれ海で進化をとげた生物です。大部分の生物にとって有害でもあるナトリウム（ヒトにとっては必須のミネラル分だが、多すぎると有害。また、高血圧の一因になるとの説もある）含有量の高い海中で生活するために、多くの生物にはそれを細胞外に排出する装置が備わり、ヒトもそれを持っていま

表3　ワインで報告されている効能

	効果	活性成分	注　記
殺菌効果	細菌に対する殺菌作用	非電離型のリンゴ酸、酒石酸、乳酸	pHが低いほど殺菌作用が強い。特に白ワインの効果大
健康に対する効果	痛風の予防	カリウムが主	尿のpHを調整（酸性に傾くのを防いで、微酸性に）
	過剰な有害ナトリウムの排出	カリウム	ナトリウム・カリウムポンプにより過剰な有害ナトリウムを細胞外に排出。利尿作用もあり。高血圧防止も期待可？
	眼精疲労の回復、視力向上	主にアントシアニン	ロドプシン再合成を促進、網膜毛細血管の保護
	抗酸化作用	主に縮合型タンニン、アントシアニン、ケルセチン	特に赤ワインで強い。ほとんどの生活習慣病の予防に寄与
	冠状動脈性心臓病の予防	主に縮合型タンニン、アントシアニン、ケルセチン	狭心症、心筋梗塞など。赤ワインの効果大。抗酸化作用、一酸化窒素生成促進、血管収縮作用のあるエンドセリンＩの生成抑制などによる
	ガンの発生遅延	主に縮合型タンニン	赤ワインの効果大。ガンの促進過程を縮合型タンニンが阻害
	乳ガンの予防	レスベラトロール	グラス１杯の赤ワインに入っている量で効果あり。エストロゲンによる発ガン初期過程阻害か？
	認知症予防	主に縮合型タンニン、アントシアニン	特に赤ワイン。アミロイドβの重合阻害、海馬細胞増加などによる
	ピロリ菌の除去	非電離型のリンゴ酸、酒石酸、乳酸	胃の中では、赤、白ワインとも効果あり
	アンチエイジング	主に縮合型タンニン、アントシアニン	赤ワインの効果大。ＤＮＡのテロメアの短縮阻害。カルシトニン遺伝子関連ペプチドの放出促進
	アンチエイジング？	レスベラトロール？	レスベラトロールは長寿遺伝子（サーチュイン遺伝子）を活性化。ただし、赤ワインでも有効な量は含まれていない

す。

すなわち、カリウムを細胞内に取り込み、ナトリウムを細胞外に排出することによって細胞内外の浸透圧（水を通すが、溶けている成分を通さない半透膜をはさんで、濃度の低い溶液側から濃度の高い溶液側に水が移動する圧力）を調整しているナトリウム・カリウムポンプ①がそれに当たります。

ワインを飲むと十分な量のカリウムが補給されるために、このポンプが活性化され、ナトリウムの排出が促進されるものと考えられます。ナトリウムが高血圧の原因であるとすれば、適度なワイン飲用は、高血圧の防止につながる可能性もあるのではないでしょうか？

一方、痛風の話ですが、これは尿中で尿酸と呼ばれる酸性物質（遺伝を担うDNAの原料ともなるアデニン、グアニンなどのプリン体は、代謝されて尿酸になり、75％が腎臓から尿として、25％が汗として、または消化器官から排泄される）が原因で起こる病気です。尿中の尿酸の濃度が高すぎると尿に溶けきらず、うまく排泄されません。これがナトリウムと結びついて結晶化したものが関節に沈着し、白血球に異物として認識されると、関節で炎症反応（細菌に感染した時に発熱して腫れるのと同じ反応）が起こって発症するのです。

通常、尿のpHは6〜7ぐらいですが、痛風のヒトは、それが、6以下、もっとひどい場合は5・5以下になっています。尿酸は酸性物質なので、pHが低いほど溶けにくく、pHが高くなると尿に溶けやすくなります。

アルカリ性食品（飲料）であるワインは、尿のpHを、理想的な6・2〜6・8ぐらいに調整するのを助けるため、尿酸を尿中に溶けた状態にし、正常に排泄されるようにして、痛風を防止するようです。また、カリウムには利尿作用（尿を頻繁にする作用）があり、これも痛風防止に一役買っていると思います。

プリン体に関して付け加えれば、ヒトは、通常、食物、飲み物（酒類を含む）から1日約100mgのプリン体を摂取しますが、それ以外に体内で1日約500mgのプリン体を合成しています（食物、飲料から摂取するのは全体の17%程度）。

一方、尿から1日約450mg、汗、消化器官からは1日約150mgのプリン体を排泄しているので、正常状態では収支が合っているのです。

ビールを飲むと痛風になりやすいとのウソかホントかわからないような話が

流布されていますが、350ml缶入りビール1缶に含まれるプリン体の量が20〜35mgであることを考えると、プリン体の過剰摂取の原因はむしろビールよりも、つまみの食物の方にあると思われます。

例を挙げれば、鶏レバーは310mg／100g、カツオは210mg／100gものプリン体を含みます。もっとも、筆者のいた某ビール会社の社員はビール消費量も半端ではないヘビードリンカーが多かったので（宴会で最初から最後までビールということも頻繁）、これらの方々は完全な例外と考えてください。

There is no rule but has some exceptions.（例外のない規則はない）の英文を中学時代の英語の時間に暗唱させられたのを思い出します。

赤ワインは眼によい？

眼の網膜（眼の構成要素の一つで、光情報を電気信号に変え、視神経を通して、脳中枢に信号を伝達する）上に存在し、光を感知するタンパク質であるロドプシンが、ヒトの視覚において、重要な働きをしています。

この物質はオプシンというタンパク質とビタミンＡ（レチナール）の複合体

で、感知した光信号を電気信号に変え、視神経を経由して脳に送る（ここで視覚が成立）という重要な役割を果たしています（主として、暗いところでの視覚にとって重要な物質。ビタミンAが不足すると夜盲症〈とり目〉になるのは、ビタミンAがロドプシンの合成に必要なため）。

ロドプシンは、光を感知する際に分解されますが、短時間のうちに再合成されて、分解、再合成を繰り返しています。眼が疲労したり、老眼が進んだ状態では、この再合成が緩慢になり、結果として、視力の低下などが誘発されます。

赤ワインの赤色の本体であるアントシアニン類（ポリフェノールの一種）は このロドプシンの再合成を促進するとともに、網膜毛細血管を保護して、網膜に十分な酸素と栄養分が供給されるのを助けてくれることが知られており、眼精疲労（眼の酷使によって起こる眼の疲労感、重圧感、かすみ並びにそれによって起こる全身性の疲労、頭痛など）の回復や、場合によっては、視力向上に役立っているようです。

ブルーベリーが「眼によい」と言われているのは、ブルーベリーにはこのアントシアニン類が多く含まれているためです。ただ含まれている量、含まれているアントシアニンの種類によって「よい」か「無効」かは、分かれますが。赤ワインの場合、概して、赤色の濃いものほどアントシアニン類が多く含まれるので、色の濃い赤ワインは眼精疲労の回復に役立つかもしれません。ただし、飲み過ぎるとアルコールによる神経の過剰抑制で、眼がよく見えなくなることもあるのでご注意を！

「抗酸化作用」とは？ ワインの抗酸化作用

「抗酸化作用」という言葉を聞くことが、最近多くなってきました。まず、この言葉の意味を明確にしたいと思います。「酸化」という言葉は、前にも出てきましたが、ある物質が酸素と化学的に反応することを酸化と呼びます。しかしながら、最近はそれ以外の「酸化」も頻繁に話題に上るようになってきました。

すなわち、「活性酸素」または「活性酸素種」と呼ばれる物質群と生体成分の反応です。これを「酸化作用」と呼んでいます。

活性酸素とは、通常の酸素（O_2。三重項酸素）よりも反応性の高い酸素種（一重項酸素、スーパーオキシドアニオン、過酸化水素、ヒドロキシルラジカルなど）の総称で、DNA、タンパク質、脂質、糖質などの生体成分と反応（酸化）することによって傷害を与え、生活習慣病などの病気の発症、老化などに関与することが報告されています。

また、広い意味では、活性酸素を発生するオゾン（二つの酸素原子からなる酸素に対して、三つの酸素原子からできている気体で毒性がある。昔は、「すがすがしい高原のオゾンを吸ってリラックス」などと言われていたが、現在では、生活習慣病などを誘起する悪役に変わっている）や過酸化脂質（中性脂肪、コレステロールなどが活性酸素によって酸化されたもの。体内で活性酸素を発生して、DNAなどを傷害し、ガンなどの原因となる）の仲間と考えられます。

ヒトにおける活性酸素は、呼吸をはじめとするエネルギー代謝（生物が物質の合成、分解に伴って行うエネルギーの獲得、転換、貯蔵、利用など）の副産物として、主として細胞中のミトコンドリア②（細胞内小器官で、呼吸などによるエネルギー産生を主な役割とする）内で発生します（図3参照）。

呼吸のために取り入れた酸素のなんと約2％が活性酸素になります。その他にも、放射線（ガンマ線、X線など）、紫外線、ストレス、炎症反応などによっても生成します。

なかでもスーパーオキシドアニオンは、生体にとって重要な一酸化窒素と反応してその活性を消失させます。また最も強力な酸化力を持つのはヒドロキシルラジカルであることが知られています。

これらのうち、スーパーオキシドアニオンは、SOD（スーパーオキシドディスムターゼ）、過酸化水素はカタラーゼ、グルタチオンペルオキシダーゼという酵素で、ある程度までは生体内で消去されますが、最も強力なヒドロキシルラジカルに関しては、ヒトは消去機構を持っていません。

また、主として紫外線で酸素が高エネルギー状態になって生ずる一重項酸素についても、明確な消去機構は知られていません。

そのままでは、我々は生体成分の損傷によって、簡単に病気になったり、早く老化してしまいます。これを避けるために、ヒトは食物、飲み物に含まれる成分によって、このヒドロキシルラジカルを消去しているのです。

図3 エネルギー代謝に伴う活性酸素の発生

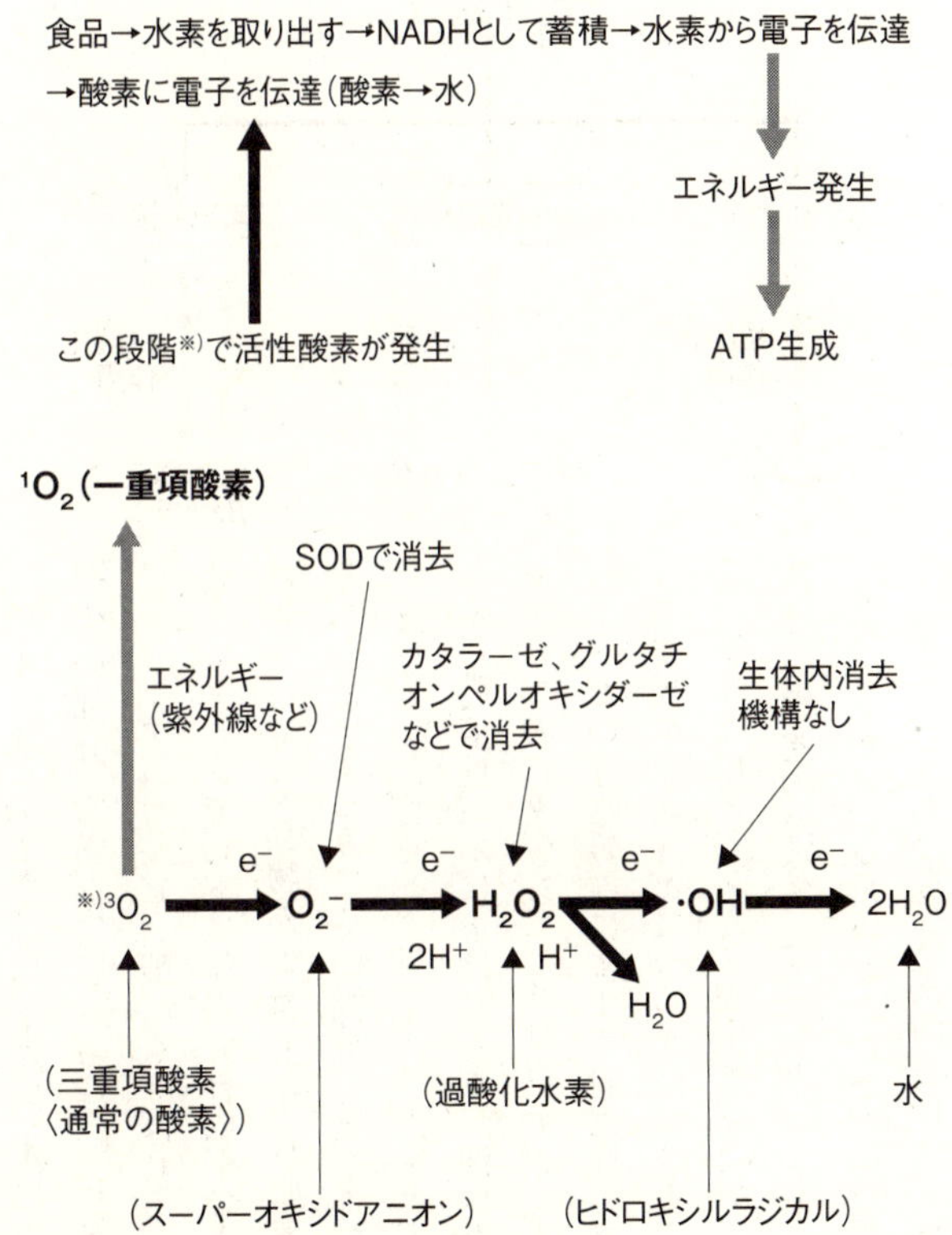

注:太字が活性酸素

図4　食品、飲料成分による活性酸素の消去

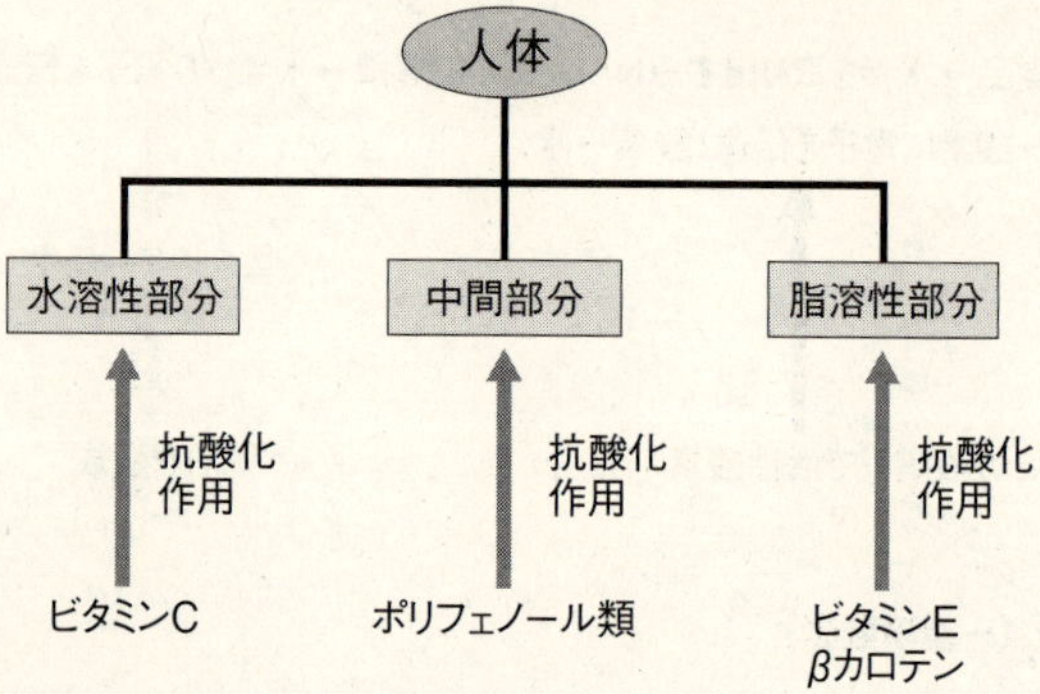

図4に示したように、生体の水になじみやすい部分（水溶性部分）では、ビタミンC（L-アスコルビン酸とも呼ばれる。水溶性のビタミンでヒトは体内で合成ができないため、すべて食物から摂取する必要がある）、水になじみにくい部分（脂溶性部分）ではビタミンE（トコフェロールとも呼ばれる。脂溶性〈水に溶けにくく、油になじみやすい〉のビタミン）、βカロテン（テルペノイドという物質群に属する脂溶性のビタミンで、ビタミンAが二つつながったような構造。体内でビタミンAに変化する）が、さらにその中間の部分ではポリフェノール類③（赤ワイン中の縮合型タンニンなどのフラボノイド類など）が活性酸素消去作用（抗酸化

作用）を担っています。

主にヒドロキシルラジカルによって起こるＤＮＡの損傷は、１日に数万〜数十万個所と言われていることから（通常はほとんどが、修復機構によって修復される）、日常の適切な食生活がいかに重要かおわかりいただけると思います。

食品、飲料に含まれる抗酸化物質の中で、赤ワインにかなり多量に含まれるフラボノイド系ポリフェノール類の縮合型タンニン③（プロアントシアニジンが基本骨格。大雑把に言えば、赤ワインの渋みの成分）と呼ばれる物質群は特に強い抗酸化作用（活性酸素消去作用）を持っています。

以下に紹介する、赤ワインの身体にやさしい効果は、大半が、この縮合型タンニンの抗酸化作用によるものであると言っても過言ではありません。この縮合型タンニンは、大部分がブドウの果皮と種子に由来するので、果皮と種子を分離して、果汁のみを発酵させる白ワイン（図５参照）にはあまり含まれていません。

従って、一部の効果を除いては、赤ワインの方が圧倒的に健康に付与する効果は大きくなります。

図5　ワインの製造工程

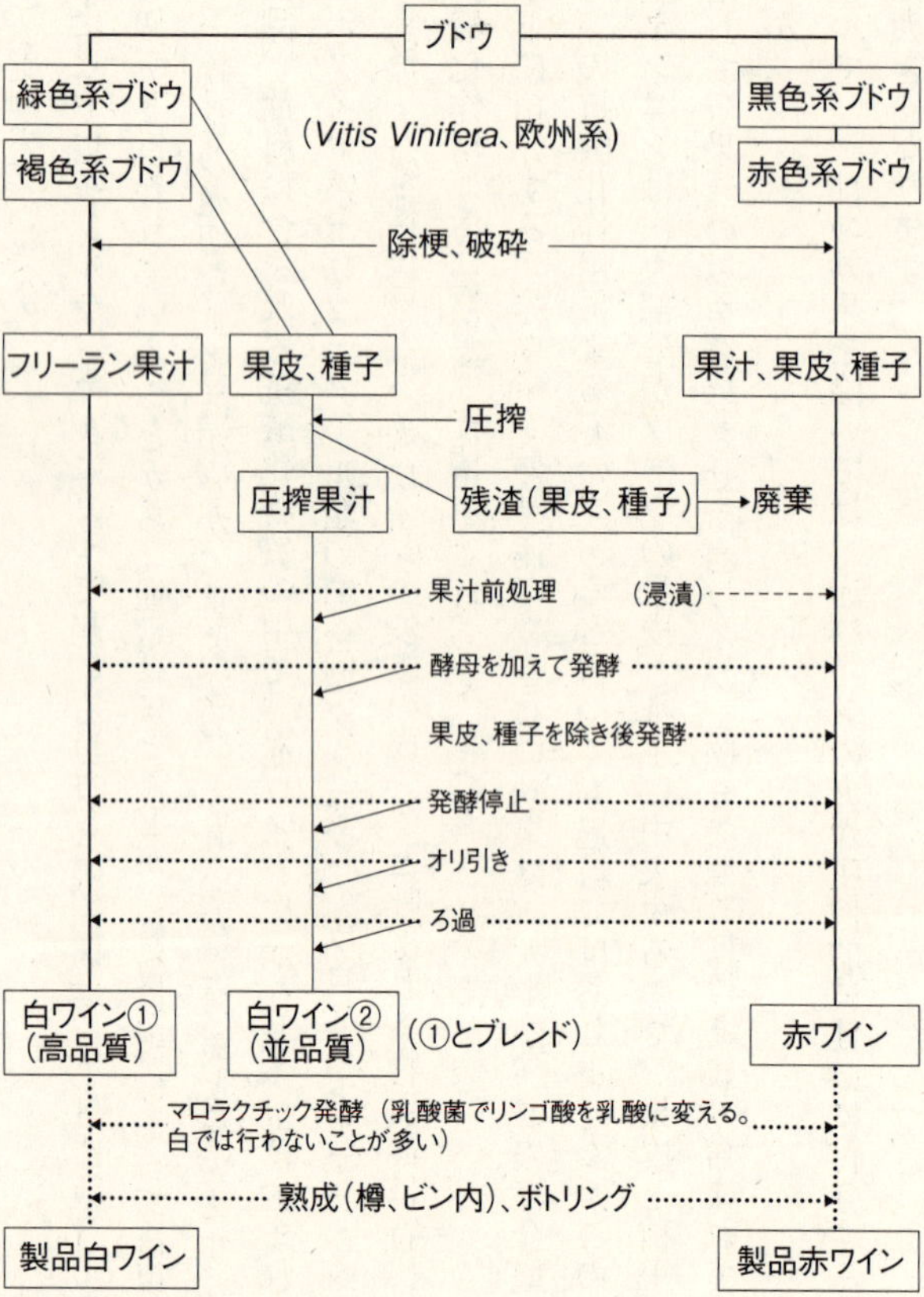
ブドウ
緑色系ブドウ
褐色系ブドウ
黒色系ブドウ
赤色系ブドウ
(Vitis Vinifera、欧州系)
除梗、破砕
フリーラン果汁
果皮、種子
果汁、果皮、種子
圧搾
圧搾果汁
残渣(果皮、種子)
廃棄
果汁前処理
(浸漬)
酵母を加えて発酵
果皮、種子を除き後発酵
発酵停止
オリ引き
ろ過
白ワイン①(高品質)
白ワイン②(並品質)
(①とブレンド)
赤ワイン
マロラクチック発酵（乳酸菌でリンゴ酸を乳酸に変える。白では行わないことが多い）
熟成(樽、ビン内)、ボトリング
製品白ワイン
製品赤ワイン

Column 5 世界で一番色々なワインが飲める場所

それは、日本、なかでも東京なのです。

フランス、イタリア、オーストラリア、チリ、アルゼンチン、米国、スペインなど、ワインの生産量、消費量の多い国のスーパーマーケットをみると、当然のことながら、日本に比較して、ワインコーナーの面積比率が高く、置いてあるワインの数も多いのは一目瞭然ですが、注意してみると、売っているワインの大部分が自国産のワインであることに気が付きます。レストランで置いてあるワインも、ほぼ、同じ傾向と言ってもよいでしょう。

それに対して、日本（特に東京）では、ほぼ全世界のワインを飲むことができます。国産、フランス、チリ、イタリアなどはもちろんですが、かなりレアなインド（最近、インドワインがなかなか良くなっています）、イスラエル、レバノン、グルジアなどに至るまで、居ながらにして、世界のワインを知ることができるのは、東京しかないと言っても過言ではないでしょう。
この環境を活かして、色々なワインを試してみましょう。

Column 6

フランス人はマーケティングに優れている

ことワインの世界に関する限り、フランス人は様々な優れたアイデアでフランスワインの拡大を図ってきました。その最たるものは、フランスのワイン法アペラシオン・ドリジーヌ・コントロレ（AOC）とボジョレヌーヴォーの創出です。

AOC（原産地呼称統制）は、フランスのワイン、チーズ、農産物などの製造方法、品質などを規定するもので、ワインの場合は、生産地域、ブドウ品種、ブドウの単位面積当たりの収穫量、収穫時の最低糖度、醸造方法、最低アルコール度数などを規定しています。

この法律は、一見、ワインの品質維持、品質保証を旗印にしていますが、筆者の偏見的憶測によれば、その実、フランスワインの価格アップ、販売促進がもっと大きな目的であるような気がしてなりません。

例として、フランスのボルドー、ブルゴーニュなどの高級ワインは原価に比して異常に高く、ＡＯＣによる格付けの恩恵をフルに享受しています。ＡＯＣを一生懸命憶えるのは結構ですが、その際には、ＡＯＣの持つ隠れた目的にも目を向けていただきたいと思います。

もう一つは、ボジョレヌーヴォーです。ボジョレ地区では、古くからガメイという赤ブドウ品種がたくさん植えられていました。当時のフランスワインの品質価値観は、「熟成に時間がかかるので〇〇年以降に飲むのが最適」という赤ワインを重要視していました。ところが、このガメイという品種は、あまり熟成に耐える品種ではなく（近年は、醸造方法の工夫などにより、ある程度熟成するものも造られるようになってきた）、あまり高い評価は受けられませんでした。

そのような状況下で、逆転の発想で登場したのが、ボジョレヌーヴォーです。

すなわち、「〇〇年以降に飲むワイン」に対して「製造後すぐ飲むワイン」あるいは「〇〇以前に飲むワイン」としてボジョレのガメイワインをマーケティングし始め、それが海外にも広がっていったのが真相です。

ボジョレヌーヴォーは、基本的には、フレッシュ、フルーティーを信条とする軽めのワインですが、最近は、醸造方法の進歩などで、かなり重厚で2〜3年後に飲んだ方がよいのでは、というようなボジョレヌーヴォーが急速に増えてきました。

まあ、年に一度のイベントですので、原点に戻って、ヌーヴォーらしいライトタイプのものを求めればよいと思うのですが。

ちなみに、ボジョレヌーヴォーはフランスでは高いワインではありません。日本で飲む場合は、航空運賃を飲んでいるようなものなので念のため。

赤ワインを飲むと心臓病になりにくい?

　1990年代前半に、「フレンチパラドックス（フランスの逆説）」なる論文（世界のワイン業界のかなりの割合を、支配している財閥ロスチャイルド家のワイン宣伝のための陰謀との説もある）が発表されました。

　通常は、脂肪の摂取量が多いほど、冠状動脈性（冠状動脈は心臓を取り囲むように走っている動脈で、心臓にエネルギーを供給）の心臓病（アテローム性心臓病と呼ばれ、狭心症、心筋梗塞などが含まれる）の発生率が高くなるにもかかわらず、欧州の中でかなり脂肪の摂取量が多いフランス人では冠状動脈性心臓病の発生率が低いというのがその要旨になります（図6参照）。

　その原因を追求する過程で、フランス人が欧州で最も赤ワインを消費しているという事実にいきあたり、基礎・臨床の医者や研究者が群がって、赤ワインとその心臓病の関係を研究するようになりました。

　その結果、適度に赤ワインを飲むと冠状動脈性心臓病の発生率が低くなる傾向が、統計的に認められ（一部に反対論者はいる）、その主原因が赤ワイン中の渋み成分であり、ポリフェノール類に属する縮合型タンニンであるとする報告

図6 乳脂肪消費量と心臓病死亡率(欧州)

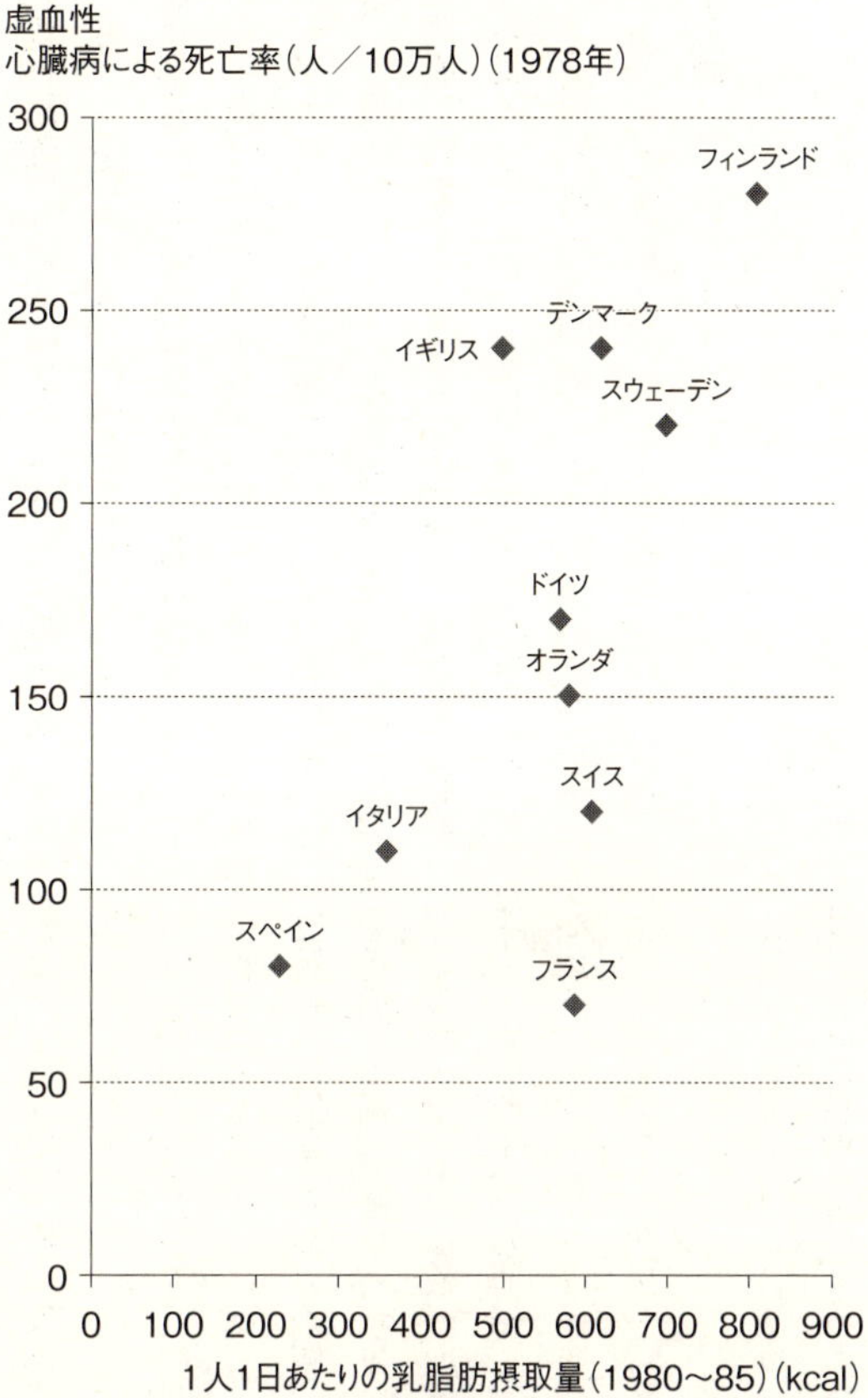

出典：Lancet；339（1992）を改変

が続出しました。

冠状動脈性心臓病は次のような過程で起こる場合が多いようで、極めて模式的に書くと図7のようになります。

冠状動脈性心臓病の原因となる動脈硬化（ここでは、冠動脈、脳動脈などの比較的太い血管にコレステロールなどの脂質から成る粥状《じゅくじょう》物質がたまることによって起こるアテローム動脈硬化のこと）は、動脈壁内膜（動脈壁は内側から順に内膜、中膜、外膜から成る）の血管内皮細胞（血管の内表面を構成する細胞層で、種々の血管機能を制御する物質を分泌して、平滑筋の収縮、血管拡張の調節、血液の血管中での凝固防止など、血管を保護する重要な役割を果たす）が高血圧、高血糖、喫煙、その他の様々な刺激によって損傷されることが発端になって起こります。

話を進める前に、アテローム動脈硬化の原因となるコレステロールについて若干説明しておきます。

よく知られているように、コレステロールには、HDL（善玉コレステロール）とLDL（悪玉コレステロール）があります。HDLは過剰なコレステロールを回収して肝臓に運ぶことによって、コレステロール過多を防ぐ働きを持つので「善玉」と言われ、種類を問わず、適度なアルコール飲料の摂取によって増加することが知られています。

ＬＤＬは、「悪玉」と呼ばれていますが、生体中で細胞膜、ホルモン、胆汁酸などの原料として不可欠なコレステロールです。ただ、過剰に存在すると動脈硬化などの原因となると言われています。このＬＤＬに関しては、動脈硬化誘発に関する限り、ＬＤＬそのままでは、あまり害を及ぼさず、活性酸素などによって酸化されて生成する酸化ＬＤＬが、真の「悪玉」であるとの研究成果が報告されています。

これに関しては、まだ確実な結論は出ていないようですが、筆者は、「ＬＤＬ無罪」「酸化ＬＤＬ下手人」説に基づいて話を進めたいと思います。

動脈壁の内膜の血管内皮細胞が損傷されると、内膜にＬＤＬが侵入し、活性酸素によって酸化ＬＤＬに変換されます。この酸化ＬＤＬは生体にとって異物と認識されるため、白血球の一種であるマクロファージ（生体内に侵入した病原菌、異物、場合によってはガン細胞などを貪食して、消化する）が内膜に入り、これを取り込みます。

コレステロール

ＨＤＬ（善玉コレステロール）：動脈硬化予防

ＬＤＬ（悪玉コレステロール）：酸化して〝悪玉〟になる

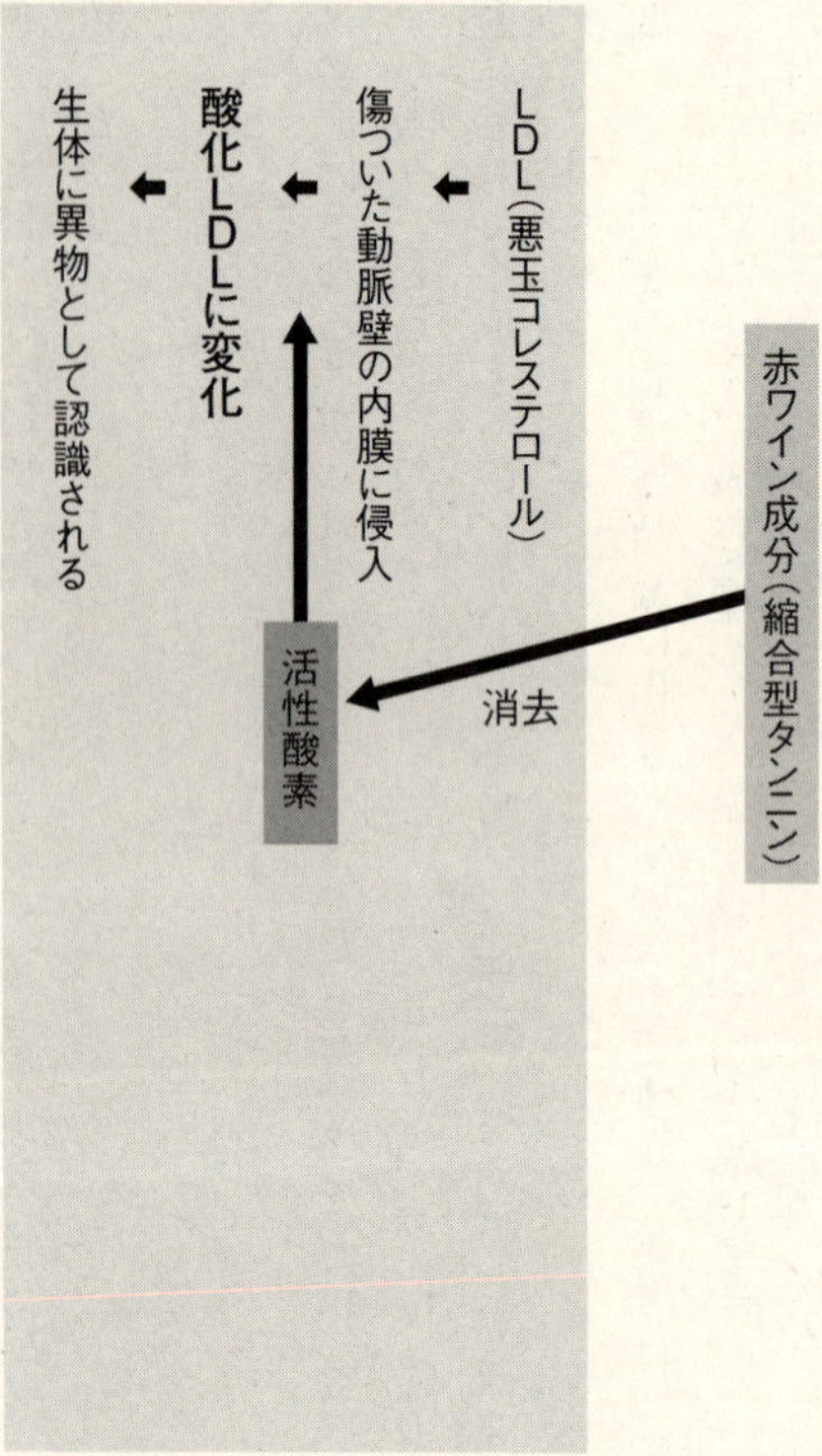

図７　冠状動脈性心臓病発症のしくみと赤ワインの抗酸化作用による予防効果

← 内膜に侵入した貪食細胞（マクロファージ）に食われる

← マクロファージが泡沫細胞に変化または死滅

← 遊離した酸化ＬＤＬ泡沫細胞などが内膜に蓄積（アテローム性プラーク）

← 血管の内径が狭くなる（アテローム動脈硬化）

← 血流減少、血栓の形成など

← **冠状動脈性（アテローム性）心臓病**

取り込んだマクロファージは、泡沫細胞（酸化ＬＤＬを取り込んで、中で酸化ＬＤＬが泡沫化した状態のマクロファージ）に変化するか、死滅して酸化ＬＤＬまたはその分解物を放出します。これら（アテローム性プラークと呼ばれる）が内膜に蓄積して、動脈壁が肥厚化するとともに動脈が狭くなり、アテローム動脈硬化が成立します。そのために、血流の減少、血栓の形成などが誘導され、冠状動脈性心臓病に至るのです。

赤ワイン中に多く含まれる縮合型タンニンは、その強力な抗酸化作用で活性酸素を消去するため、ＬＤＬの酸化が抑制され、酸化ＬＤＬができにくくなります。

酸化ＬＤＬが少なくなれば、その先のステップが抑制され、アテローム動脈硬化、さらには、冠状動脈性心臓病の予防につながると言われています。

赤ワインの抗酸化作用以外による動脈硬化抑制作用もいくつか報告されています。一つは、血管内皮細胞で作られ、強い血管収縮作用によって動脈硬化を促進するエンドセリンⅠ（21個のアミノ酸がつながったペプチド）④の生成を赤ワインが阻害するという研究報告です。

もう一つは、血管を拡張する作用（動脈硬化予防に役立つ）を有するｃＧＭＰ（サイクリックＧＭＰ）を生成するグアニル酸サイクラーゼという酵素を活性化してｃＧＭＰを増やす一酸化窒素⑤（ＮＯ。大気汚染の元凶物質の一つだが、人体においては、血管拡張作用、血管新生の促進、血管内皮細胞の保護などの重要な役割を果たす。また、神経伝達物質としての機能もある）の血管内皮細胞での生成を赤ワインが促進するという報告です。

図８に示したように、一酸化窒素が増えるとｃＧＭＰの生成が増加し、そのｃＧＭＰが血管のタンパク質リン酸化（多くの酵素タンパク質はリン酸化、脱リン酸化によって機能をオンにしたりオフにしたりする）を通じて血管を拡張します。また、正常細胞の血管新生を促進して、血液を通じて酸素、栄養分が十分にいき渡るようにしたり、血管内皮細胞を保護して、血管の老化を抑制します。

ついでながら、バイアグラはこのｃＧＭＰを分解して減らす酵素であるフォスフォジエステラーゼを阻害することによって、ｃＧＭＰ量を確保し、結果として、同じ機構で血管を拡張させ、局部を元気にしています。方法の差はあり

図8　赤ワインによる動脈硬化の防止

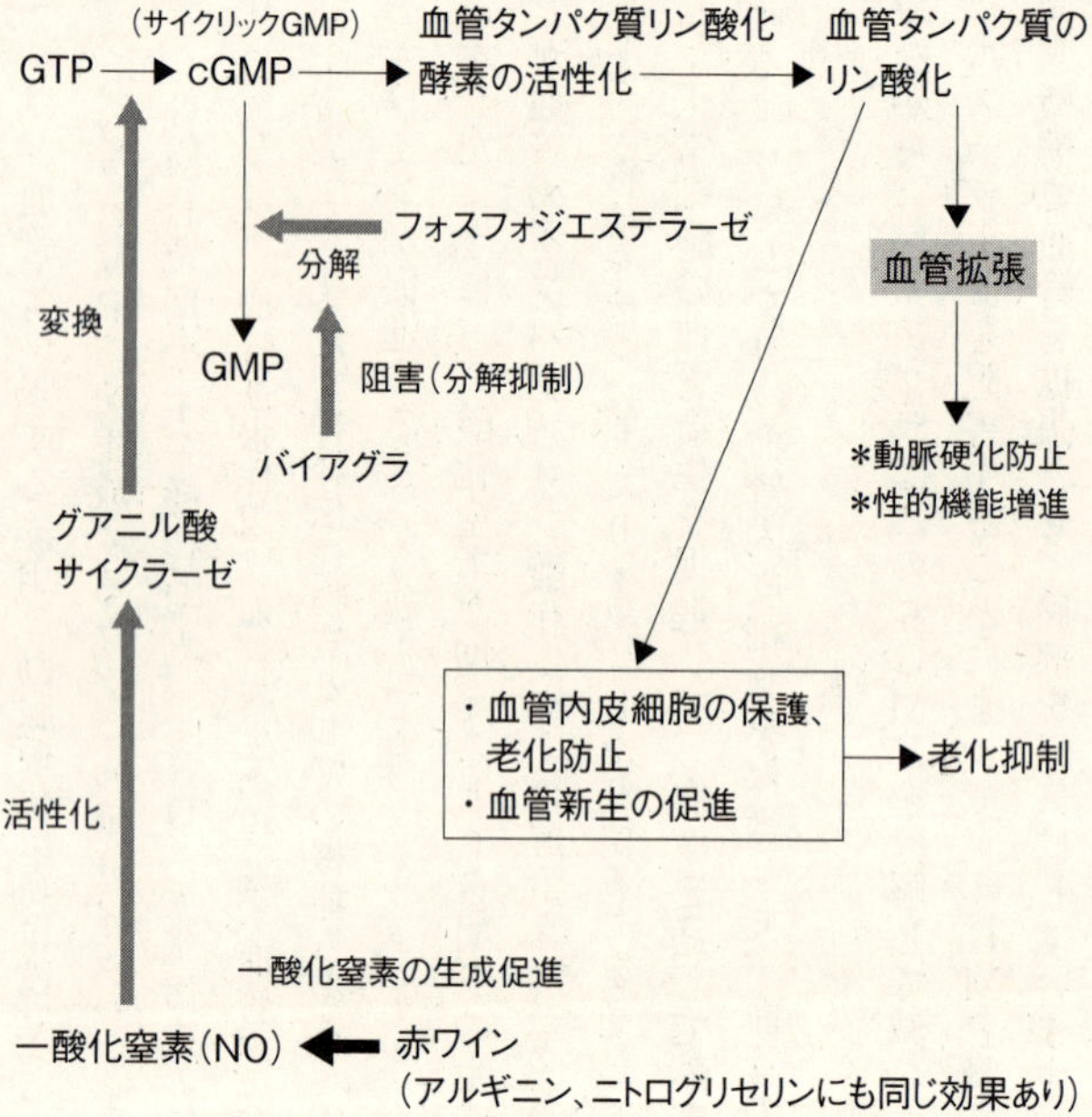

ますが、バイアグラの効果は、赤ワインの効果と結局は同じなので、赤ワインが精力回復に役立っている可能性は十分考えられます。中年以上の男性にとっては朗報かもしれません。

なお、一酸化窒素を増やす効果は、ニトログリセリン（爆薬の一種。血管拡張作用が強いので、狭心症の薬にも使用されている。ニトログリセリンは体内で分解して、硝酸から一酸化窒素に転換され、前述のルートで血管を拡張する）やイクラ、タラコなどに多く含まれるアミノ酸であるアルギニン（アミノ酸の一種で、必須アミノ酸ではないが、成長期には摂取が必要）にも認められています。

「赤ワインとガン」の現状

日本における死亡原因別の順位を見ると、ガンが第一位で、それに次ぐ心疾患（冠状動脈の疾患）、脳血管疾患（一般的には「脳卒中」と呼ばれる。脳梗塞、脳出血、くも膜下出血などの総称）を引き離しています。はじめに、ガンに関して多少の解説を加えたいと思います。

ガン細胞は通常の細胞と以下の点で異なっています。

図9　細胞周期

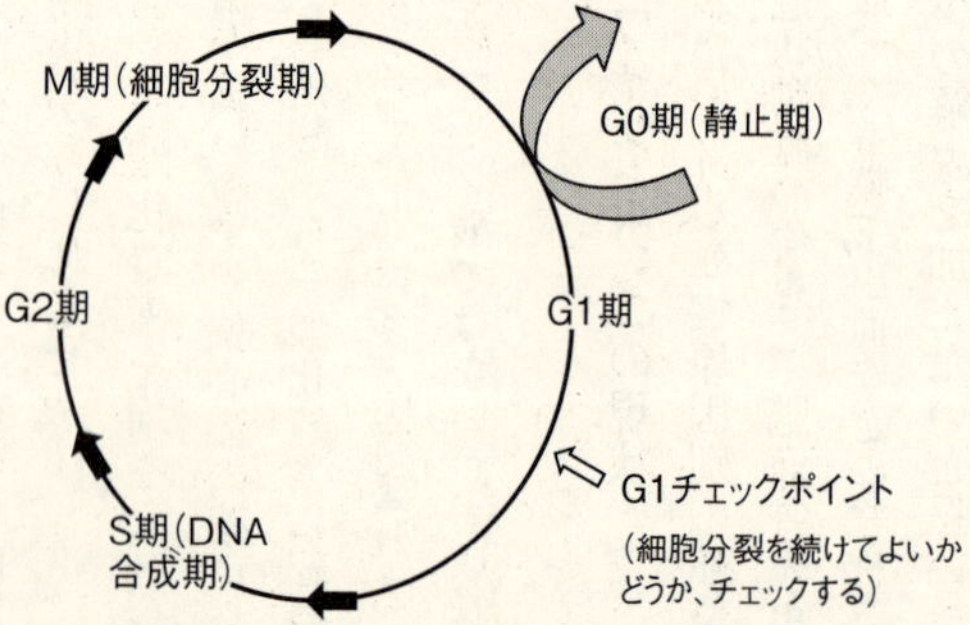

(1)通常の細胞は、細胞同士が接触すると、そこで増殖が止まりますが（この現象はコンタクトインヒビションと呼ばれる。正常細胞は、必要以外の時は、図9に示した細胞周期[⑥]の中のG0期に止まって細胞分裂を停止している）、ガン細胞は、G0期に止まらず、そのまま増殖を続けて盛り上がってきます。この点が、ガン細胞の最大の特徴になります。

(2)正常細胞は、その部位に止まっていますが、ガン細胞は、他の組織に広がってゆきます（隣り合う組織の場合は浸潤、離れた組織に広がる場合は転移）。この転移する性質もガン細胞が厄介である原因になります。

さらに付け加えれば、腫瘍には悪性腫瘍と良性腫瘍があります。

このうち、良性腫瘍は1、2に挙げたガン細胞の性質を示さず、子宮筋腫、おでき、大腸や胃のポリープ（老化に伴う過形成性ポリープや炎症を原因とする炎症性ポリープは腫瘍の範疇に入らない）などがそれに当たります。ヒトに対して無害ではありませんが、大部分の場合、致死性の疾患ではありません。

それに対して、悪性腫瘍と呼ばれるガンは転移する性質があるが故に、治療も困難で、発見が遅い場合は、致死性となる性質を有しています。

一口にガンと言っても、表4に示したように、その細胞が由来した組織によって様々な名前が付いています。その中で、日本において死亡原因となった数が圧倒的に多いのは、上皮組織由来のガン腫（カルシノーマ）です。

ガンは、その発生した組織によってその性質が異なるばかりではなく、一つのガンでも、様々な変異個所を持つ異なったガン細胞の集まり（腫瘍内不均一性と呼ぶ）なので、その治療は必ずしも容易ではありません。従って、治療はいうまでもありませんが、可能な限り発ガンを予防するための研究努力が世界中で行われています。

表4　発生組織によるガンの分類

ガンの名称	発生組織
ガン腫（カルシノーマ）（肺ガン、肝臓ガン、大腸ガン、皮膚ガン、胃ガン、膀胱ガン、子宮ガン、乳ガン、前立腺ガンなど）	上皮組織
白血病（リューケミア）	造血細胞
肉腫（ザルコーマ）	筋肉、結合組織
神経膠腫（グリオーマ）	神経系
リンパ腫（リンフォーマ）	免疫系

では、このような厄介きわまるガンはどのように発生、発病するのでしょうか？

図10に示したように、ガンの形成には、いくつかのステップが必要です（多段階発ガン）。

まずは、遺伝子であるＤＮＡの傷害から始まります。この傷害は、発ガン性物質、放射線（レントゲンや非破壊検査に利用されるＸ線、食品などの殺菌に用いられるガンマ線など）、紫外線（特に、波長が２８０－３１５nmと短いＵＶＢ[⑦]）などによって起こります。

紫外線は比較的波長が長く、エネルギーが小さいため、生体の深部には到達で

図10　多段階発ガンの過程

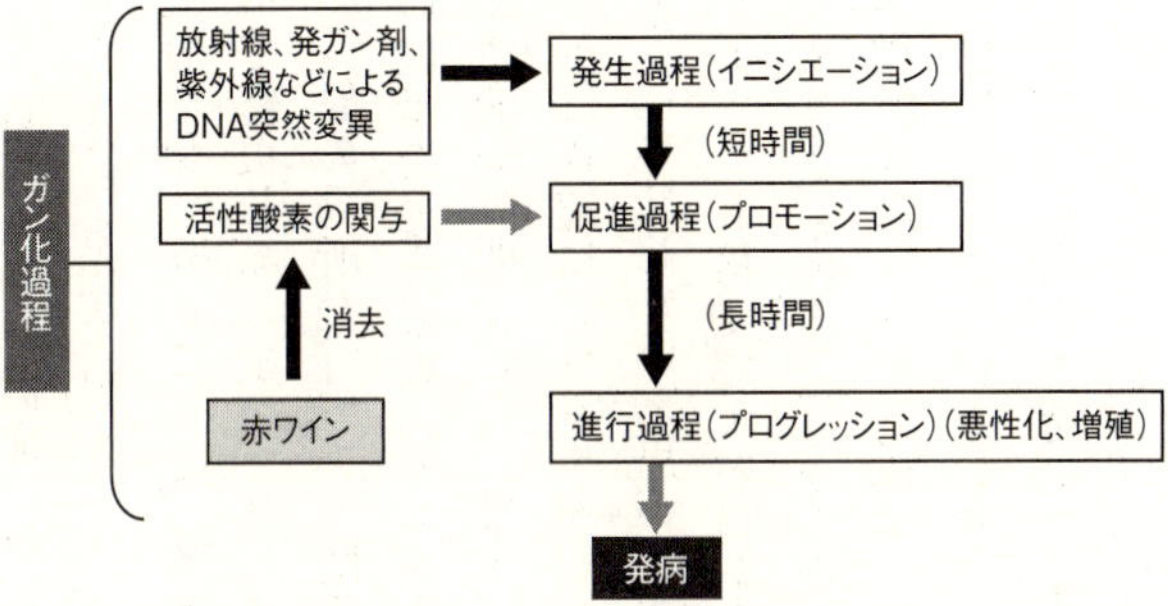

きず、ＤＮＡにある特定の変異を誘発して、皮膚ガンの原因となることが知られています。

フロンガスや二酸化炭素などによるオゾン層（成層圏の、地上から10～50kmのところに存在するオゾン濃度が高い層。太陽光の中の紫外線を吸収して、地上の生態系を保護する）の破壊と共に、地上に降り注ぐ紫外線量が増えているので、問題は小さくありません。

発ガン性物質や放射線は、活性酸素を発生させ、その活性酸素がＤＮＡを傷害します。さらに、特に放射線の場合は、エネルギーが大きいので、ＤＮＡを直接傷害することも知られています。

ＤＮＡが傷害を受けても、通常は、生体に

備わったDNA修復機構（DNAの様々な損傷を、様々な方法で修復する機構で、DNAの異常化を防止する）で修復し、事なきを得ていますが、短時間に多くの部分で傷害が起こると、修復が間に合わなかったり、修復を急ぐあまり、間違って修復してしまったりします。これが突然変異です。

この変異の場所が、ガンと関係のある場所の場合にガン細胞が誕生します。この段階を発生過程（イニシエーション）と呼んでいます。イニシエーションは比較的短時間で起こります。

少し話は横道に入りますが、レントゲン検診（X線撮影）によるX線被爆の影響について話したいと思います。肺のレントゲン検診では、被爆量は0・1ミリシーベルト程度ですが（シーベルトは、放射線が当たった時に、どのくらいの影響があるかを数値化したもの。ミリシーベルトは、シーベルトの1000分の1。放射線の単位にはこの他に、放射線の量を表すベクレル、ある部位や全身が受ける放射線量を表すグレイがある）、胃の場合には、厚い筋肉の壁（牛の第一胃である焼肉のミノ参照）を透過するため15～25ミリシーベルトです。

さらに検診車内のような場合は、さらに線量が高くなります。公平を期するため、あえて付け加えるとすれば、医療機関のその機関内での検査の場合は、数ミリシーベルトとの値が公表されています。

医療法施行規則によれば、年間の最大許容被爆量は50ミリシーベルト（日本での自然被爆量は年間1・4ミリシーベルト）なので、医療機関公表の数字としても、胃のX線検査による被爆量はハンパではなく多いと考えられます。胃のレントゲン検診は、ＤＮＡの多部位での損傷を通じて、少なくとも、ガンのイニシエーションの一因となっている可能性は否定できません。

筆者も十数年前から、胃のレントゲン検査は受けていません。

話を戻します。ヒトにはガンの発生を抑制するガン抑制遺伝子（ガンの発生を抑制するタンパク質の遺伝情報を持つ遺伝子。ガン抑制遺伝子の機能が損傷して、ガン抑制タンパク質が作れなくなったり、変異したガン抑制遺伝子の作る異常なガン抑制タンパク質により、正常なガン抑制タンパク質の働きが阻害されたりするとガン化が起こるとされる）がいくつか知られています。

最も有名かつ研究されているのがｐ53遺伝子です。この遺伝子は、前述のＤＮＡの傷害、活性酸素による攻撃、ガン細胞の遺伝子などによって活性化し、前述のようなDNA修復の促進、細胞周期の停止（細胞分裂をコントロール）、さらにはガン細胞を自殺（アポトーシス⑧）に追い込む役割を果たし、ガンの発生を防止しています。

半数以上のガンで、p53遺伝子の変異、欠失などが見られることは、この遺伝子がガン発生防止にいかに大きな役割を果たしているかを物語っています。発生過程のみではガンには至りません。ガン化のためには、次の過程である促進過程（プロモーション）が必須になります。この段階はまだ十分に解明されていませんが、促進因子として活性酸素が大きな役割を果たしているようです。

さらなる突然変異の誘導や*myc*、*ras*などのガン促進遺伝子（正常細胞において、細胞分裂を促進している遺伝子。変異などによって過剰に働くようになると、細胞分裂速度が異常にアップし、コントロールが利かない状態、すなわち、ガン細胞になる）の活性化に寄与すると考えられています。

少数の例外を除き、ガンの促進過程には長時間を要し、20年以上とも言われています。従って、後期高齢ぐらいになったら、前述の胃のレントゲン検診でも何でもやってください。ただし、責任は持てませんが。

促進過程を経た後、さらなる悪性化などの変化を受け、増殖する進行過程（プログレッション）を経てガンの発病に至ります。

赤ワインによるガンの発症抑制は、既に述べた縮合型タンニンによる活性酸素の消去に基づくガン促進過程の抑制によるものと考えられますが、現時点では、疫学的データはあるものの、直接的な証明は得られていないのが実情です。

２００９年に、フランスの国立ガンセンターから、「赤ワインを常飲すると、ガン発病のリスクが高まる」との見解も出ています。個人的には、この見解には、あまり科学的根拠はないように思いますが、赤ワインのガン発病抑制に関しては、まだまだ研究の余地があるように思います。

余談ですが、ガンの早期発見のツールとして、有力な生体物質が現在盛んに研究され始めています。その名は「マイクロＲＮＡ⑨」。通常の流れでは、ＤＮＡの情報がＲＮＡに移され（転写）、そのＲＮＡの情報から生体に必要な種々のタンパク質が作られます（翻訳）。

ところが、マイクロＲＮＡは、タンパク質に翻訳されないので、生体にとって不要なものと考えられてきました。最近になって、このマイクロＲＮＡが、ガン化、ガン抑制などにも関与することが判明し、さらには、ガン細胞によってそれぞれ特異的なマイクロRNAが分泌されることがわかってきました。

この分泌はガン細胞のかなり初期から見られること、マイクロRNAの検出はごく少量の血液で可能なことから、マイクロRNAによるガンの早期発見、診断が可能になってきました。

従来の診断方法の腫瘍マーカー（ガンの種類によって、特異的なタンパク質である腫瘍マーカーが血液中に分泌される。肝臓ガンのAFP、大腸ガンなどのCEAが有名。ただ、進行ガンでしか検出されない場合が多いので、ガンの早期発見には利用できない）の場合は、かなりガンが進行しないと検出できないことを考えると、このマイクロRNAは画期的な診断方法ということができるでしょう。現在、大々的な実用化研究が進行しているようです。

何といっても、ガンは早期発見が一番です。この方法は、従来、早期発見が難しかった膵臓ガンの発見などにも大いに貢献するものと期待しています。

なお、「ガンは遺伝する」とのいい加減な情報が横行していますが、幼児のウイルムス腫瘍（将来、腎臓になる後腎芽細胞の成熟過程の異常で起こる）のごく一部を除いては、遺伝はしません。ただ、ガンになりやすい遺伝病として、大腸ガン、皮膚ガン、白血病、乳ガンになりやすい病気は存在しますが。

もともと制ガン剤の探索研究を専門として、新規の制ガン剤キノカルシンを冨田房男博士（元・北海道大学教授）のもとで発見した筆者としては、ガン制圧のための研究の進歩を願ってやみません。

実際、ガンの化学療法の分野でも、ガンの血管新生の阻害剤（ガン組織は周囲の組織から栄養を取るために血管を新生する。それを阻害すれば、ガンは栄養不足のため増殖できなくなると考えられる）、免疫系の低下を抑制する薬（ガンになるとガン細胞が免疫細胞の免疫チェックポイント〈免疫細胞による免疫を抑える機能を持つ〉に作用して免疫細胞からの攻撃を阻止する。さらに詳しく言えば、免疫細胞で発現するＰＤ－１というタンパク質とガン細胞で発現するＰＤ－Ｌ１タンパク質が結びつくと、免疫細胞はガン細胞を攻撃しなくなる。従って、免疫チェックポイントの阻害剤は有力な免疫低下抑制剤になる）、免疫系活性化剤（例えば、結核菌の細胞壁成分である丸山ワクチンによる非特異的免疫療法など）などガンと闘うための新しい試みと古くて新しい再試行が活発に進行中です。

Column 7

ロマネコンティの原料品種 ピノノワールの遺伝子は変わりやすい

ピノノワールは、ご承知のように、ロマネコンティ、ラターシュをはじめブルゴーニュの高級赤ワインの原料となる品種で、ピノムニエルとトラミナーの自然交配種と言われています。それにしても、最近のロマネコンティ、ラターシュの値上がりは異常ですが。

値上がりの要因は、ロシアマフィア、中国、インドの投機的買占めが原因です。そういえば、筆者は上海のレストランで、中国の官僚がロマネコンティをセブンアップで割って飲んでいるのを2回見ました。

2007年にイタリアのIASMA研究所（改称して、現在の名称はEdmund Mach Foundation）のメンバーが中心になって、果樹では初めて、全遺伝子の構造解析が行われました。それによると全遺伝子数は9585個（ヒトの遺伝子数は、2万2000個と言われる）で、その96%が染色体上にあることがわかりました。

この品種の遺伝子は不安定で、突然変異が起こりやすいことは、既に周知の事実でしたが、この遺伝子解析の結果、それを支持するデータも得られました。すなわち、1塩基変異（スニップ）と呼ばれる点の突然変異が9585個の遺伝子の86・7％上で見られ、ピノノワールが突然変異しやすい品種であることを明確に示しています。

さらに、この遺伝子の不安定さは、ピノノワールの突然変異による新品種の誕生に貢献しています。簡単に言えば、ピノノワールの赤色色素（アントシアニン）合成遺伝子が突然変異で機能しなくなったのが、緑色のブドウ、ピノブランです。

また、この赤色色素合成遺伝子の半分が変異で機能しなくなったのが、褐色のブドウ、ピノグリ（イタリアではピノグリージョ、ドイツではルーレンダーと呼ぶ）になります。

ブドウの茎頂《けいちょう》の分裂組織は外側からL１、L２、L３と呼ばれる三つの細胞層からなっています。そのうち、L１とL２に赤色色素合成遺伝子のスイッチになる遺伝子（ピノノワールの場合は、機能している*VmybA1c*と機能していない*VmybA1a*）があります。果皮の色が、赤に限らず、緑、褐色ブドウでもこのスイッチ遺伝子はL1とL2に存在します。ただ、両方がオンになった場合のみ赤ブドウになり、両方または片方がオフになると、それぞれ、緑色、褐色ブドウになります。

図11に示したように、ピノノワールのL1、L2両方の*VmybA1c*が突然変異によって機能しなくなることによって、緑色のブドウ、ピノブランができ、L1上の同遺伝子のみが機能しなくなったのが褐色ブドウ、ピノグリです。

ピノノワールやサンジョベーゼなどの不安定な遺伝子を持つ品種には、突然変異により多くのクローン（同一の起源を持ち、同一に近い遺伝子を持つ集団）が存在します。ワイナリーがブドウを植える時には、どのクローンが自社畑の環境に合うか、を慎重に検討して決めるのが通常です。

例えば、ロマネコンティのピノノワールのクローンを他で使っても、良いワインになるとは限りません。

これらの遺伝子が不安定な品種では、クローン間で性質がかなり大きく異な

図11　ピノノワールの突然変異株

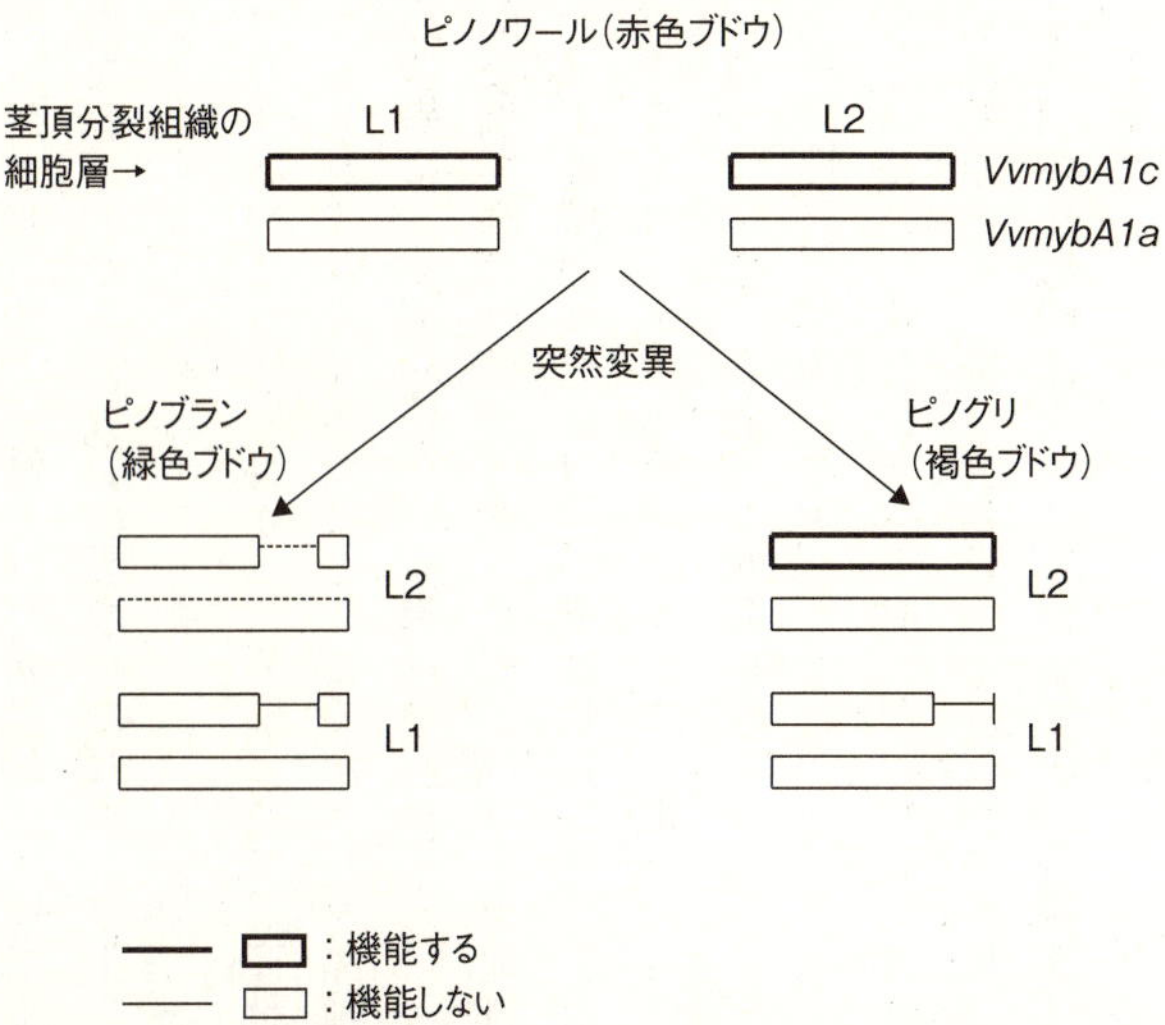

ることが予想されるので、例えば、同じピノノワールでも、ワイナリー、ブドウ畑が異なれば、かなり性質の異なったピノノワールクローンが使われていることになります。

ピノノワールワインの特性が、世界的に見て、産地によって差が大きい理由の一つかもしれません。また、どこまでが、同一品種の別クローンで、どこからが突然変異による別品種か、の境は不明確です。

典型的な例を挙げれば、イタリア、トスカーナ地方のサンジョベーゼです。キャンティー地域のサンジョベーゼはサンジョベーゼ・ピッコロといって小粒ですが、ブルネロ・ディ・モンタルチーノ地域のものは粒の大きいサンジョベーゼ・グロッソです。これら2種類のサンジョベーゼ間には、粒の大きさ以外にもかなりの性質差があります。

これら2種類の「サンジョベーゼ」が、サンジョベーゼ内のクローンの相違か？ 別品種か？（一応、グロッソの方は「ブルネロ」種と呼ばれることがある）に関しては明確な見解はないと思いますが、常識的には、別品種と考えるのが妥当でしょう。

赤ワインで認知症は予防できるか？

一口に、「認知症」と言っても、色々な種類があり、アルツハイマー型認知症、脳血管型認知症、レビー小体型認知症、前頭側頭型認知症の4種類があります。詳しい説明は省略しますが、認知症の中で、アルツハイマー型の患者が最も多く60％、次いで、脳血管型が20％を占めています。

最も一般的に知られているのがアルツハイマーでしょう。ここでは、アルツハイマー型認知症に限って話を進めたいと思います。アルツハイマーのうち、最も問題となるのは65歳未満で発病する若年性アルツハイマーです。

その原因に関しては、過去に色々な説がありました。一例を挙げれば、アルツハイマーは神経伝達物質（神経細胞間、神経細胞と他の細胞の間にあるシナプスで合成、分泌され、シナプスでの情報伝達を仲介している種々の物質）のアセチルコリンという物質が低下することによって起こるとされています。

アセチルコリンを分解するコリンエステラーゼという酵素の働きを抑える物質の中からアリセプトという薬が開発された例もあります。アリセプトは初期のアルツハイマーには有効で現在も使用されていますが、アルツハイマーの根本的な原因は他にあることがわかってきました。

現在では、脳内（特に大脳皮質）にアミロイドβと呼ばれる分子量の小さいタンパク質（アミロイドβは正常時にも存在するが、重合しなければ害を及ぼさない）が重合、凝集して蓄積することによって神経細胞、特に大脳皮質細胞を破壊することが原因との説が最有力になっています。タウというタンパク質が蓄積することによる神経細胞の構成成分である神経原線維の変化を主原因とする説もありますが、アミロイドを主原因とする説の方が有力と考えます。

図12に記憶に主体的に関与する脳の部位を示しました。人間の記憶はまず、大脳皮質（大脳の表面に広がる神経細胞の薄い層で、知覚、思考、記憶、随意運動などに関わる）で作られ、その情報が海馬に送られます。その後、海馬で整理、ファイルされ、再び大脳皮質に戻って、記憶として長期保存されます。

海馬細胞（脳の側頭葉の内側にあり、脳の記憶に関わる）は新しい短期記憶を担うとも言えるでしょう。大脳皮質にアミロイドβが蓄積すると、この大脳皮質から海馬への情報が行かなくなり、海馬に刺激が加わらなくなるので、結果

図12　大脳における記憶を担う部位

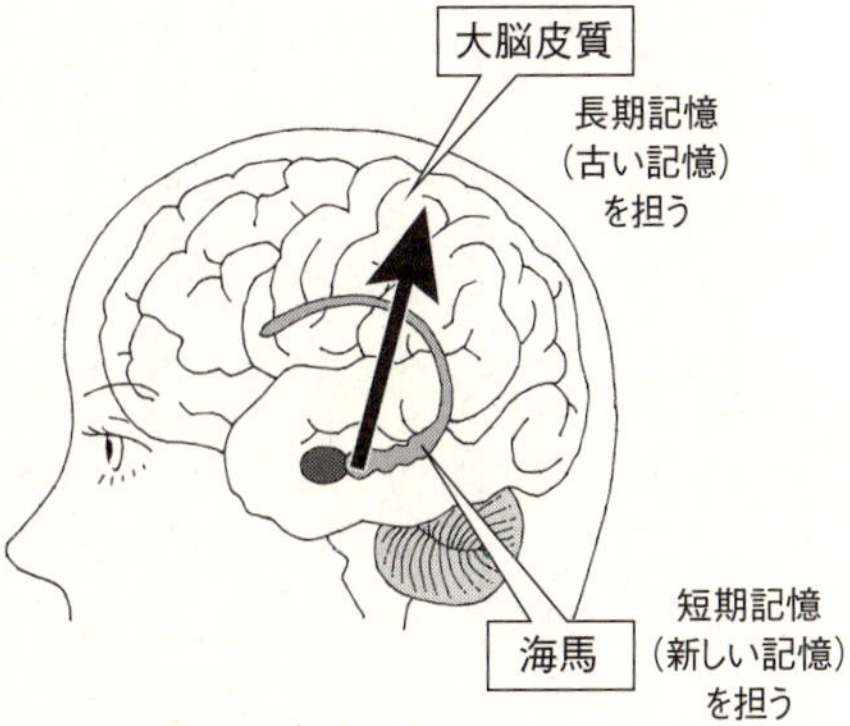

的には、海馬細胞も傷害されます。

　中年以上になると、「昔のことは憶えているが、最近憶えたことはすぐ忘れる」という話をよく聞きますが、これは、海馬で整理された後に大脳皮質に蓄えられた記憶は年齢を経ても保存されるのに対して、年齢と共に海馬細胞が減少するために、大脳皮質から来た情報の整理ができなくなるからと考えられます。

　また、昔、筆者もよくやりましたが、試験の1～2時間前に試験範囲を丸暗記して、まだ憶えているうちに試験の答案を書くと、試験の点数はある程度取れます。しかし、試験終了後は何も憶えていないのは、おそらく、大脳皮質に入った記憶情報が海馬で整理され、再び大脳皮質に戻されるという正規の工程が行われていないためと考えられます。

若年性アルツハイマーでは、重合、凝集したアミロイドβが海馬細胞を破壊し、新しい記憶の保存が困難になっていると考えられます。なお、1％ぐらいの例外を除いて、アルツハイマーは遺伝しません。

近年、赤ワインを1日にグラスで2～3杯飲むと、アルツハイマーの発症が25～60％抑制されるという疫学的データがかなり目立つようになってきました（女性はより効果が大とのデータもある）。

これを支持する科学的データはまだ不足していますが、少なくとも、赤ワインの飲酒により海馬細胞が増加したという知見は信用に値すると思います。さらに言えば、証明はなされていませんが、赤ワインの縮合型タンニンなどのポリフェノールがアミロイドβの重合、凝集を阻害する（重合、凝集しないアミロイドβはそれほど悪さをしない）との説も出てきています。

また、カルシトニン遺伝子関連ペプチド（ＣＧＲＰ）⑩（血管を拡張して血流を増やす作用を持つ）の放出を縮合型タンニンが促進することによって、脳の海馬細胞の活性化、海馬細胞数の増加につながるとの報告も見られます。

これは、海馬細胞は、動脈血の不足による貧血、すなわち、虚血によって死滅しやすい性質を持っているためです。従って、血流が潤沢にある条件では、酸素や栄養分の供給が十分なため、細胞機能も高く、細胞数も維持されます。

アルツハイマー予防効果があるとされているエイコサペンタエン酸（ＥＰＡ）、ドコサヘキサエン酸（ＤＨＡ）などのオメガ3脂肪酸（不飽和脂肪酸〈炭素―炭素二重結合を持つ脂肪酸〉の分類の一つで、ＤＨＡ、ＥＰＡ、αリノレン酸などがこれに含まれる。コレステロール低下、中性脂肪低下、高血圧防止、脳機能の活性化などの効果が知られる）、ビタミンC、E、βカロテンなどと赤ワインを組み合わせて摂取するとさらに効果があるかもしれません。

医薬の世界では、アルツハイマーの前段階である軽度認知症の薬として、抗アミロイドβ抗体（アミロイドβタンパク質と選択的に結合する抗体）のソラネズマブなどが開発段階にあり、徐々にではありますが、予防、治療に向けた努力が成果を見せてくることが期待されています。

Column 8

日本最古のワインは？

世界最古のワインに関しては、まだ、諸説が入り乱れています。紀元前6000年〜紀元前5500年ぐらいの遺跡から、ブドウに特有な酸である酒石酸が発見されていますが、ブドウを発酵させたかどうか、に関しては証拠がありません。

これに対して、紀元前4000年ぐらいの古代バビロニアからワインの最古の文献が発見され、同じころのグルジアの遺跡から、ワイン醸造所跡とみられる遺構が見つかっています。

さて、日本ではどうだったのでしょうか？

青森で発見された縄文遺跡として最大規模を誇る三内丸山遺跡（紀元前3500年〜紀元前2000年頃に繁栄したとみられる）では、クリなどを人為的に栽培していたことがほぼ明らかになっていますが、さらに、ヤマブドウが大量に集積した跡が見つかっています。

ヤマブドウを含むブドウでは、果皮の表面に1g当たり1万〜100万個の酵母が付着しています。アルコール発酵をするものも多く含まれているので、ヤマブドウまたはその果汁を放置すれば自然にワインができます。もっとも、ワインを含むお酒が、酵母という微生物によるアルコール発酵でできることは、19世紀のパスツールによる発見を待たねばなりませんが。

三内丸山遺跡で縄文人が縄文式土器でヤマブドウワインを造っていたのかもしれません。「縄文ワイン」の存在を信じたいものです。

図13　細胞分裂に伴うテロメアの短縮

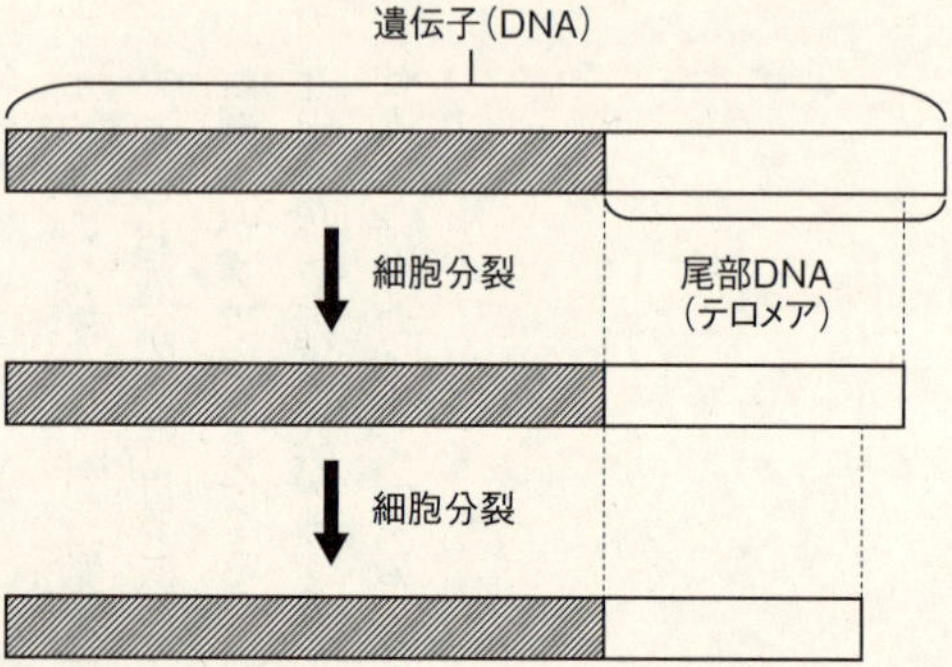

赤ワインは老化を防止(アンチエイジング)できるか？

ヒトの細胞は、少数の例外（神経細胞、心筋細胞など）を除き、すべて細胞分裂により新しいものに更新されています。つまり、一言でいえば、細胞がいつも若く保たれているということです。

図13に示したように、細胞中の遺伝子DNAには、テロメア[11]（染色体の末端に存在して、染色体を保護する）と呼ばれる長いシッポ部分が存在します。このテロメアは、細胞分裂にとって非常に重要な役割を果たしていることがわかってきました。

細胞が分裂するたびに、このテロメアは

少しずつ短くなり、分裂を繰り返して、テロメアが元の長さの半分ぐらいになると、それ以上細胞は分裂できません（これが細胞の老化）。

このテロメアの短縮が、主として活性酸素によることがわかってきました。つまり、活性酸素を消去すれば、テロメアの短縮が抑制され、細胞の分裂可能回数が増加する（細胞の寿命が延びる）ことが予想されます。

実際に、細胞内に活性酸素消去活性のあるビタミンCを入れると、テロメアの短縮が遅くなるという報告もあります。

ヒトの老化は、大部分が細胞の老化によると考えられるので、活性酸素を消去することによって、細胞の分裂可能回数が増え、老化が抑制されることは容易に予想されます。これに関する研究は、さらに進めなくては、確実な結論は出せませんが、赤ワインの縮合型タンニンの抗酸化活性が有効に働く可能性は十分あるでしょう。

さらに、前に言及したように、赤ワインは、一酸化窒素の生成を促進し、結果として血管を弛緩《しかん》（拡張）させる作用を持っていますが、前述のように、一酸化窒素は、血管内皮細胞を保護して内皮細胞の老化を防止する作用、さらには血管新生促進作用など老化防止方向の生体反応にとっても重要な役割を果たします。このことから（図8参照）、赤ワインが多かれ少なかれ老化を抑制することはほぼ確実と考えてよいと思います。ただし、飲み過ぎで、肝臓病などにならない場合に限りますが。

アンチエイジングに関するもう一つの話題は、長寿遺伝子（その活性化により寿命が延びる遺伝子で、サーチュイン遺伝子とも呼ばれる）です。

線虫や酵母では*Sir2*と呼ばれる遺伝子が長寿を促進する長寿遺伝子として知られていますが、ヒトでも同じような働きをする*Sirt1*⑫という長寿遺伝子が存在することがわかってきました。これらの遺伝子は、通常の状態ではオフ状態で機能していませんが、カロリー制限を行うとオンになり、様々な機構を通じて、老化を遅らせるとの報告が数多く見られます。

さらには、この長寿遺伝子がレスベラトロールという物質によって活性化されることも明らかになってきました。このレスベラトロールは、植物がカビの病気などに感染したり、キズついたりした時に誘導されるフィトアレキシン（植物がストレス状態に置かれた時に生成する抗菌性の物質の総称）と呼ばれるものの一種です。

これが長寿遺伝子の活性化のみならず、糖尿病の防止や、縮合型タンニンと同様に、一酸化窒素生成酵素の活性化、血管新生の促進など様々な効能を持つと言われ、現在ではサプリメントでも販売されています。

赤ワインにはこのレスベラトロールが含まれているので、「赤ワインが長寿遺伝子を活性化する」だとか「1日にグラス2～3杯飲むと長寿遺伝子が活性化する」などのいい加減な情報が入り乱れています。

結論としては、赤ワインにはレスベラトロールが含まれてはいますが、効能を示すための有効量を確保するためには、1日に10本以上の赤ワインを飲むことが必要で、長寿遺伝子活性化の前に、アルコールの害でお亡くなりになることは間違いありません。なるべくお亡くなりにならないように注意しましょう。

しかしながら、例外があるかもしれません。2008年に米国ネブラスカ大学のエリーナー・ローガン博士等は、レスベラトロールが非常に低濃度で（1日に赤ワイングラス1杯ぐらい）、乳ガンを予防することを発表しました（20

08年Cancer Prevention Research)。

乳ガンにも色々な種類がありますが、多くの場合には、乳房の細胞にあるエストロゲン受容体に過度のエストロゲンが結合する（エストロゲンは卵巣で作られるステロイドホルモンで、女性ホルモンとも呼ばれる。細胞内のエストロゲン受容体に付くことによって、その細胞の増殖を促進する作用を持っている）ことによる細胞増殖の（異常）促進が原因と言われています。従って、エストロゲンが多くなるほど、乳ガンの発生リスクは高くなる傾向があります。

レスベラトロールは、このエストロゲンによる細胞増殖の促進を抑制することによって、乳ガンの発症を抑制していると考えられます。大豆に含まれるイソフラボンという物質（ポリフェノール類の中のフラボノイドに属す）が、エストロゲンと構造が類似しているため、乳細胞のエストロゲン受容体と結合して受容体をふさぐことによって、エストロゲンの受容体への結合を少なくすると言われていますが、レスベラトロールの作用も似たようなものであることが推定されます。

この成果をそのまま信じれば、赤ワインを毎日グラス1杯飲めば（ごく微量のレスベラトロールの摂取で）、乳ガン予防ができることになりますが、そうは問屋が卸しません。世の中そう甘くはないことがしばしばです。

ホルモンが関係する生体内での反応、代謝には、複雑な要因が多数関与する場合が多いことから、効果を上げるためのレスベラトロールの必要量も含めて、証明にはまだまだ時間がかかるでしょう。レスベラトロールの血中、臓器への移行に関しても検討が必要です。

アルコール飲料は飲むと太る？

ワインを含むアルコール飲料全体の話です。

「アルコールのカロリーはエンプティーカロリーだから太らない」ということをよく耳にします。これには大きな誤解があります。

「エンプティーカロリー」の本来の意味は、「栄養素をほとんど含まないカロリー」という意味です。

アルコール自体のカロリーは1g当たり7・3kcalなので、脂肪の9kcalよりは低いものの、糖分やタンパク質の4kcalよりも高くなっています。

では、実際にアルコールのカロリーは摂取後どうなるのでしょうか？

アルコールは人体にとって有害なものと認識されるため、アルコールは他の食品からの糖分、タンパク質、脂質などに優先して肝臓で代謝され、エネルギーとして消費されます。ということは、その他の食品成分の代謝、それらからのエネルギー消費が後回しになるということです。

従って、アルコール自体のカロリーは人体に脂肪などで蓄積しませんが、後回しになった食品成分由来のカロリーがその分、蓄積される可能性があります。

アルコール飲料を飲むと、熱の発散、尿の回数の増加などで、カロリーの発散の機会が増えることを差し引いても、アルコール飲料のカロリーは間接的に人体に蓄積されると考えるべきだと思います。

ついでに、アルコールの代謝に関して触れておきます。

「日本人は欧米人と比較して、アルコール分解能力が低い」と言っている人が結構いますが、これは全くの誤りです。

アルコールは90％が小腸から吸収され、門脈を通って肝臓にいき、そこで代謝されます。

アルコール代謝の主経路では、まず、アルコールがアルコールデヒドロゲナーゼ（アルコール脱水素酵素）によってアセトアルデヒドに転換され、そのアセトアルデヒドがアルデヒドデヒドロゲナーゼ（アセトアルデヒド脱水素酵素。アセトアルデヒドを酢酸にする。その中で、主要な酵素は、アルデヒドデヒドロゲナーゼ2〈ＡＬＤＨ２〉という酵素で酢酸になって、代謝されてゆきます。

モンゴロイドは欧米人に比して、アルコール分解酵素であるアルコールデヒドロゲナーゼ活性は高く、アルコールの分解（アセトアルデヒドへの転換）は速やかに行います。つまり、アルコールの分解能力は、日本人は高いということです。

ところが、日本人は、遺伝的に、アセトアルデヒドを分解する主要酵素ＡＬＤＨ２（２本のＤＮＡとも正常で、十分なアセトアルデヒド分解能を有するＡＬＤ

H2を作る正常型、DNAの1本に分解能を失わせる変異があり、アセトアルデヒド分解能力が正常型の10分の1以下になるヘテロ接合型、2本のDNAとも、変異して、分解能力のないALDH2しか合成できない変異ホモ接合型の3種類がある）の活性が、欧米人よりも弱い人が多い傾向があります。日本人の約40％の人のALDH2はヘテロ接合型か変異ホモ接合型と言われています。幸か不幸か、著者は、この40％に入らなかったようですが。

結果として、日本人の多くはアルコールを速やかに分解しますが、アセトアルデヒドの分解が遅れるので、アセトアルデヒドが蓄積しやすく、欧米人では、アルコールが比較的長時間、分解されずにいますが、アセトアルデヒドに変わると、速やかに酢酸まで代謝されることになります。

アセトアルデヒドはある種の毒性を有しており、顔が赤くなる、二日酔いなどの原因物質であることが知られています。これが、日本人が飲酒によって顔が赤くなりやすく、二日酔いしやすい理由です。欧米人は逆に、二日酔いはしにくいものの、アルコール分解が遅いためにアルコール中毒になりやすくなります。

ＡＬＤＨ２の活性のない人はアルコールをほとんど飲めませんが、肝臓には、この主代謝経路の他に「秘密の代謝経路」が存在します。

こちらの経路は、どうも、鍛えれば強くなるようで、酒が飲めない人でも、中年になって根性で飲めるようになる人がかなりの頻度で現れるわけです。

ワインの殺菌効果は本当？

ワインの驚くべき殺菌効果

ワインに殺菌効果があるということは昔からなんとなく言われていましたが、その効果の強さ、殺菌効果を示す機構に関しては、かなりデタラメな記述が多く、殺菌効果自体も「怪しい」とする説も多く見受けられました。

筆者らは、サントネージュワイン株式会社の研究所にいた頃、所員との宴会中に、「殺菌効果があれば、ワインの販売促進に役立つんじゃないか？」などと勝手なことを言いながら、翌日から、この問題をハッキリさせるべく、科学的な検討を開始しました。この軽薄なまでの、異常に軽い乗りは、当時の我々の信条でした。

その結果、「ワインには強力な殺菌作用がある」との結論に至り、なぜ殺菌作用を示すのか、も明らかにして学会発表に至りました。

まず、生牡蠣を買ってきて、殺菌した無菌水で洗って、牡蠣に付着している細菌を無菌水に移しました。これをシャーレ上にまいて、培養したところ、無菌水1ml当たり1000万匹以上の細菌を見出しました。

この時のシャーレの写真を公表すると、二度と生牡蠣を食べられなくなる人がいると思って、この写真は公表しませんでした。ただ、検討の結果、病原性のある細菌は、その中には全くいなかったので、食べても問題はないのですが。

次に、無菌水で洗う前の生牡蠣を、白ワイン、赤ワイン、pHをそれらのワインと同じに調整した無菌水、無調整の無菌水に漬け込み、牡蠣から無菌水中に移行した細菌の数をカウントしました。その結果は図14のようになりました。

ここには、白ワイン、無菌水、pH調整無菌水の試験結果のみを示してありま

図14　生牡蠣に付着する細菌に対する白ワインの殺菌作用

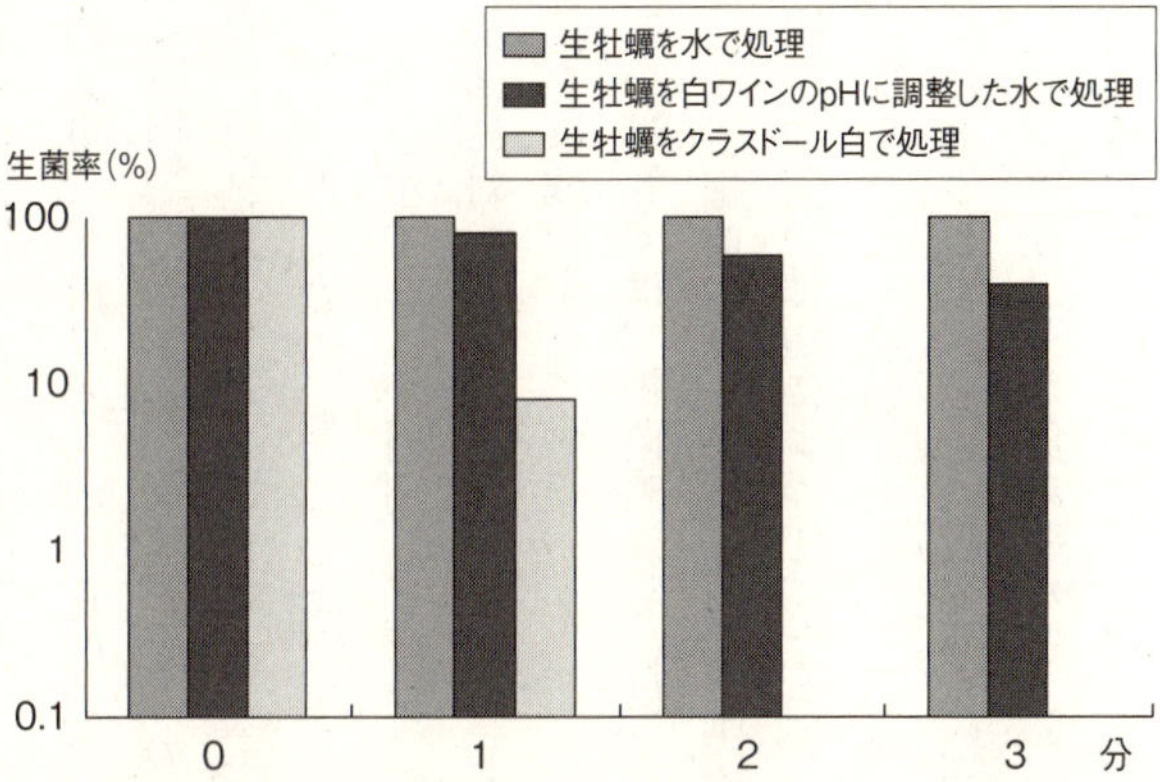

す。白ワインはサントネージュのクラスドールという銘柄ですが、ごく普通の白ワインです。いくつかの大手ホテルの厨房でも使用されていました。

白ワインに1分間漬け込むと、細菌数は当初の10％ぐらいに減り、2分経つと、細菌は全く検出されませんでした。白ワインには強力な殺菌力があるという結果です。赤ワインでも殺菌力は見られましたが、白に比べるとかなり弱いこともわかりました。この理由は後述します。

さらに、どのような細菌に対して殺菌力を示すか、を見るために、病原菌を含む種々の細菌株を入手し、白ワイ

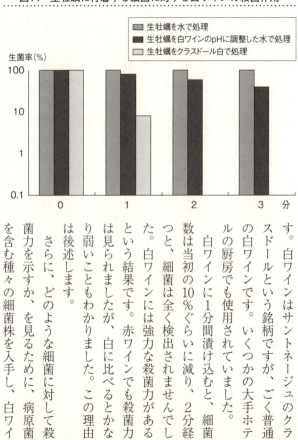

ンで死滅するかどうか、検討しました。

その結果は、白ワインは、食中毒の二大原因菌であるサルモネラ（腸内に生息する腸内細菌で、人体には無害のものが多いが、一部に腸チフス、食中毒を起すものも知られている）、ビブリオ（主に海水中に生息する細菌で腸炎ビブリオ食中毒を起こす）などの食中毒に関与する病原菌を含むほとんどの細菌に対して殺菌作用を示すことが判明しました。

乳酸菌に対しても殺菌作用を示しましたが、乳酸菌以外の細菌に比べると多少殺菌力は弱いようです。

医薬の世界では、細菌感染時には、抗生物質を使用しますが、その時の抗菌活性には、細菌を殺す殺菌作用と細菌の増殖を抑える静菌作用の2種類があり、抗生物質の種類によって、どちらの作用で効能を示すかが分かれます。

殺菌作用で最も有名かつ強力なのはペニシリン⑬ですが、白ワインは、ペニシリンに優るとも劣らない広範囲な細菌に対して殺菌作用を示します。また、ペニシリンは注射薬、飲み薬などとして投与されるので、標的とする臓器に達するのに時間を要するのに対し、今回の白ワインの実験では、細菌と白ワインが直接接触しているので、殺菌作用をすぐに発揮できるという差はありますが、2分間で完全殺菌を行う白ワインの力は大いに賞賛すべきでしょう。

古くから、「生牡蠣には白ワイン」「生牡蠣にはシャブリ」などと言われています。これは、生ものを食べる時に、白ワインを飲むと口の中で殺菌が起こるので、食中毒になりにくいという経験から来ているものであり、さらに言えば、その食経験から、逆に、生牡蠣などと白ワインの相性（マリアージュ）が生まれてきたのではないでしょうか？

では、白ワインの殺菌作用は何に基づいて発揮されるのでしょうか？

筆者らの検討によって、「白ワイン中の有機酸（リンゴ酸、酒石酸、乳酸）で電離していない型のもの（非電離型）が殺菌作用を示す」ことが判明しました。

これは少し説明が必要なので、以下に解説します。

ワイン中には、大雑把に言って、ブドウ由来の酒石酸、リンゴ酸、乳酸菌によるマロラクチック発酵（202ページ参照）で生成する乳酸の3種類の有機酸が存在します（その他にも、酢酸、コハク酸、クエン酸などが含まれるが、主なものはこの3種類）。白ワインの場合は、大部分の場合、マロラクチック発酵を行わないので、含まれている有機酸は、ブドウ由来の酒石酸とリンゴ酸と考えてよいと思います。これら、2種類の有機酸は、白ワイン中で、以下のような平衡状態にあります。

$$AH \rightleftarrows A^{-} + H^{+}$$

（非電離型有機酸）（電離型有機酸）（水素イオン）

AH：非電離型（電離していない）有機酸（リンゴ酸、酒石酸）
（水と混ざりにくく、脂質と混ざりやすい）

A^{-}：電離型有機酸（リンゴ酸、酒石酸）
（脂質と混ざりにくく、水と混ざりやすい）

H^{+}：水素イオン（多いほどpHが低く、酸度が高くなる）

同じ、有機酸であっても、その中には、非電離型と電離型の両方が存在するわけです。この平衡状態は、溶液の（この場合、白ワイン）pHが低くなると（水素イオンが増えること）左に、pHが高くなると右に傾きます。

図15 細菌の細胞と有機酸の挙動

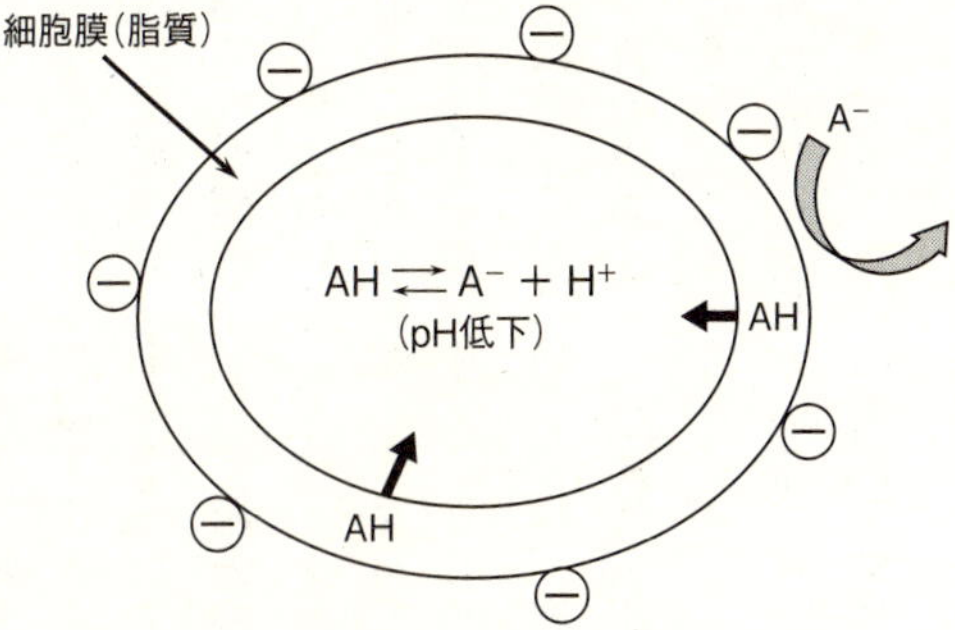

つまり、白ワインのpHが低くなると、AHすなわち、非電離型の割合が増加します。

一方、図15に示したように、細菌の表層にある細胞膜（細胞の内外を隔てる膜で、リン脂質という成分による脂質の二重層を基本構造とする。内外を隔てるのみならず、イオンなどの透過の制御、細胞外からの情報の受容などの重要な働きも持っている）は主として脂質からできており、かつ、マイナスの電荷を持っています。

A⁻型（電離型）は脂質と混ざりにくいために、この細胞膜の脂質層を通過できません。また、細胞表層のマイナス電荷と電離型のマイナス電荷が反発するため、電離型は細菌表層に近づくことができません。

それに対して、非電離型は、脂質と混ざりやすく、電荷も持っていないために、細菌に近づき、細胞膜を通過して細胞の中に入ることができます。

細菌が殺菌されるのは、このように細胞内に入った非電離型有機酸が、細胞内で再び電離して（平衡状態になり）、水素イオンを生じ、その水素イオンによって細胞内が酸性化して、細菌の代謝系などがガタガタになるからなのです。

この原理からいくと、ワインのpHが低いほど、非電離型が増え、殺菌作用が強くなることがおわかりになると思います。赤ワインが白ワインよりも殺菌作用が弱いのは、赤の方が白に比べてpHが高いからです。

さらに言えば、口の中では、白ワインの方が赤よりも強い殺菌作用を示しますが、胃の中のような強酸性（pH 1ぐらい）状態では、白も赤もほぼ同等の殺菌作用を示すことになります。

筆者が講師をやっているワイン会などで、よく、「白ワインの殺菌力ってホントですか？」などの質問を受けますが、白ワインの殺菌力は本当に存在するのです。

ついでながら、「ワインが善玉の腸内細菌を増やす」とか「ワインが悪玉の腸内細菌を殺菌する」などの意見や印刷物をよく見ます。これに関して若干コメントします。

腸内には(圧倒的に大腸内)、多い時は、1000種類、100兆個の細菌が棲みついています。これらを腸内細菌と呼んでいますが、大きく三つに分かれます。

(1)善玉菌

消化吸収を助けたり、腸内での免疫を高めます。

ビフィズス菌、乳酸菌がその代表格です。

(2)悪玉菌

炎症の原因となったり、発ガン性物質を生成したりします。

大腸菌(善玉もごく一部にはいるが、有毒株は悪玉)、ウエルシュ菌、ブドウ球菌など。

(3)日和見菌

よい働きも悪い働きもしない菌です。

大部分の大腸菌（無毒株）、連鎖球菌など。

善玉菌は、腸に入ってきた未消化の炭水化物やタンパク質（一部は、口、胃の中で消化されずに腸まで運ばれる）を消化することによって、消化および消化した物の吸収を助けます。

また、ヒトの場合、腸内での腸管免疫が非常に重要です。免疫細胞であるリンパ球の70％が腸管内に存在する事実は、腸管免疫がいかに重要かを物語っています。

腸内細菌の中の善玉菌の比率が上がると、この腸管免疫も活性化されます。腸内で善玉菌の比率を上げることは、ヒトの健康にとって極めて重要なことなのです。善玉菌を増やすには、優良乳酸菌、ビフィズス菌、オリゴ糖（糖が数個連なったもの）、食物繊維などの摂取が有効とされています。

さて、ワインで悪玉菌が減るのでしょうか？

残念ながら、今のところＮＯです。

腸内のpHは5～7ぐらい（大腸の末端に行くほどpHは高くなる）です。

前に述べたように、ワインの殺菌力はpHが低くないと発揮されません。pHが3・8を超えると、非電離型有機酸が非常に少なくなるので、ほとんど殺菌力はなくなります。ましてや、pH5以上の条件下では、善玉でも悪玉でも菌は殺せません。

また、赤ワインのポリフェノール類が、善玉菌を増やすという表現にもよく出会いますが、これも現在までのところ、全く根拠が見当たりません。

もっとも、全く違う機構で、善玉菌の比率を増やす効果が皆無とは言えませんが。

最近、腸管免疫を活性化する可能性のある乳酸菌の入ったヨーグルトが明治乳業やアサヒ飲料（元々はカルピスの商品）から販売されていますが、これらの場合は、かなり根拠がシッカリしていると、個人的には思っています。

ワインはピロリ菌も殺せる？

ピロリ菌（*Helicobacter pylori*）は1983年にオーストラリアのマーシャルらによって発見された微好気性の細菌で、形態がらせん状であることからその名前がついています。

塩酸を分泌するためにpHが低い胃の中は、ほとんどの細菌が棲むことはできませんが、ピロリ菌は、ウレアーゼ（尿素をアンモニアと二酸化炭素に分解する酵素）という酵素を分泌することによって、胃粘液（胃では、塩酸を含む強酸性の胃液が分泌されるが、胃粘膜から胃粘液を分泌して胃粘膜を胃液から保護している）中の尿素を分解し、アンモニアを生成します。それによって、胃中の酸性を中和して胃の中に棲み着くことができます。現在、世界中で、40～50％の人がピロリ菌の保菌者と言われています。

発見者のマーシャルは、感心なことに、自らピロリ菌を飲んで、それが胃炎を引き起こすことを、身をもって証明しました。実際、ピロリ菌は、細胞空胞化毒素という毒素（ピロリ菌が分泌する毒素で胃粘膜を傷害。また、潰瘍の誘発にも密接に関与すると言われる）やムチナーゼ（胃粘膜を保護する胃粘液の主成分であるムチンを分解する酵素。ムチンは粘膜保護の主力を担うため、それが分解されると、粘液による粘膜の保護作用が大幅に低下）、プロテアーゼ（タンパク質を分解する酵素。胃で分泌される消化酵素ペプシンもタンパク質分解酵素だが、それ以外のタンパク質分解酵素がピロリ菌から放出され、胃粘膜に傷害を与える）などの酵素の分泌を通じて、胃粘膜細胞の傷害を誘起し、胃炎、胃潰瘍の原因となると言われています。また、胃ガンを誘発するとも言われています。

ピロリ菌の除去には、現段階では、クラリスロマイシン（菌の増殖抑制作用）とアモキシシリン（ペニシリン系なので殺菌作用）の2種類の抗生物質の併用療法が行われているようです。

ワインによるピロリ菌の殺菌に関しては、我々のやったような実験では、白ワインはピロリ菌を殺すことができます。ピロリ菌が口の中にいた場合も殺菌可能でしょう。

また、実際の胃の中で、ワインを飲んでピロリ菌を減らすことができるという報告もいくつか見受けられます。

159ページで説明した理論によれば、胃の中は強酸性（水素イオンが多い。pHが低い）なので、非電離型有機酸が圧倒的に多く、ピロリ菌の殺菌が可能と考えます（強酸性下なので赤も白も同等の殺菌作用を示す）。

しかしながら、ピロリ菌の周辺がその作り出すアンモニアによって中性近くになっている可能性があること、並びに、ピロリ菌が胃の粘膜内に入り込んでいて、殺菌効果が及ばない可能性もあることなどから、ワインによるピロリ菌の除去に関しては、「多少の効果はあるかもしれない」程度に考えていた方が無難だと思います。

ワインの調理効果

ワインの調理効果、調味効果は古くから知られており、みりんや日本酒を主として調理に用いてきた日本においても、食の欧米化に伴って、ワインの料理、ソース、デザートなどへの使用が急速に増えつつあります。

レストランなどでも、「ほほ肉の赤ワイン煮」「ハンバーグ赤ワインソース」「ホタテの白ワインソース仕立て」などのメニューはどこにでもありますし、欧風料理に幅広く使われているデミグラスソースを作るのにもワインが使用されています。

ここでは、このワインの調理効果に関して、少し科学的に解説したいと思います。

表5に、ワインの主な調理効果についてまとめたのでご参照ください。

はじめに、ワインに限らず、みりん、日本酒などのアルコールを含む飲料に共通した効果です。アルコールは水よりも沸点が低いために、加熱の際にアルコール飲料を入れると、全体の沸点がやや下がります。より低い温度で調理が行われるので、それだけ素材の風味などが失われず、加熱による望ましくない香りの生成も抑制されます。

ワインの調理効果というと、まず浮かんでくるのは肉の軟化効果でしょう。肉の組成は、ごく大雑把に言って、水分75％、タンパク質20％、脂質その他5％になっています。もちろん、肉の種類、部位などによって異なりますが。

このうち、タンパク質は筋原繊維タンパク質（筋肉収縮に主要な役割を果たす収縮タンパク質。筋肉の50〜55％。アクチンとミオシン⑭から成る）、筋形質タンパク質（筋肉の活動に備えて、酸素の貯蔵などを行う。筋肉の30〜34％。ミオゲン、ミオアルブミン、ミオグロビン⑮から成る）、結合組織タンパク質（筋肉の10〜15％。コラーゲン、エラスチン⑯から成る。コラーゲンは筋繊維の束を結びつける役割を、エラスチンはコラーゲンの繊維を支える機能を有す）で構成されています。

肉を加熱調理する時、筋原繊維タンパク質は40～80℃で熱変性して水平方向に収縮し、筋形質タンパク質は40～60℃で凝集、ゲル化、60～65℃で結合組織タンパク質の熱変性、収縮、肉汁の放出が起こります。簡単にいうと、肉は硬化する方向に、また、肉汁が肉から流れ出るので、肉の風味は落ちる方向に進みます。

ところが、肉をワインに漬け込んだ（マリネ）後で加熱すると、肉の硬化と肉汁の放出はかなり抑制されます。その理由は、次のようなものです。

まず、ワイン中の有機酸（乳酸、酒石酸、リンゴ酸）によるpH低下に起因する肉の保水性が向上します。次に、筋原繊維タンパク質の分解促進。肉に存在して、酸性で活性が高くなるカテプシンDというタンパク質分解酵素が低pHによって活性化されます。三点目に、有機酸と肉タンパク質の何らかの相互作用（3種類の有機酸のうち、乳酸が最も効果大。「日本醸造協会誌」p.549-553、2015）。また、ワイン（特に赤ワイン）のタンニンとミオシン、アクチンが肉表面で複合体を形成して、肉汁の放出を抑制させます。四点目には、もともと肉の硬さ

表5　ワインの調理効果

効果	有効成分	注記
（加熱前にマリネする場合）肉の味、柔らかさの保持	エタノール（調理温度を下げる効果）、乳酸、酒石酸、リンゴ酸	味は赤ワインの方が効果大（肉表面のタンパク質とワイン中のタンニンが複合体を作るため）。軟化効果は赤、白ほぼ同等
（加熱時に加える場合）肉を焼く時の柔らかさの保持	エタノール（調理温度を下げる効果）、乳酸、酒石酸、リンゴ酸	加熱時の使用に関しては赤、白の効果は同等（肉タンパク質が変性して、タンニンと複合体を作れなくなるため）
調理温度の低下	エタノール	沸点が下がる効果（みりん、清酒なども同様な効果）
コク、風味の付与	ワインの香味成分とその加熱反応生成物、アミノ酸、縮合型タンニン、有機酸（酒石酸、リンゴ酸、乳酸）	料理にコクを与える、味をしめる、風味を増強するなどの効果
生臭みの抑制	縮合型タンニン、ジエチルスルフアイド、有機酸（酒石酸、リンゴ酸、乳酸）、エタノール	エタノールにマスキング効果あり。ワインにはその他の消臭成分も含まれるため、魚臭、魚の生臭みの消臭にも効果大

の最大要因である上に、硬化しやすいという性質を持つコラーゲンの可溶化が促進されることなどが考えられます。

肉を加熱調理前にワインに漬け込んだ際、肉表面で赤ワインのタンニンと肉タンパク質の複合体形成に関しては、それによって肉汁放出が抑えられ、肉の風味維持、水分減少による肉の硬化防止につながるのは確かです。

肉の風味に関しては、複合体形成はよい効果を与えますが、複合体形成それ自体によって肉表面は硬化するので、完全な結論は困難であり、軟化に関しては、白ワインの方が効果大とする説も最近では散見されます。

実際に、某大手牛丼チェーンでは、肉を調理前に、大量の白ワインに漬け込んで、肉の軟化を行っています。

肉を加熱調理する際にワインを使用する場合は、加熱によって、アクチン、ミオシンが変性し（アクトミオシンが生成）、タンニンと複合体を形成できなくなるので、軟化効果は赤、白ほぼ同等と考えられます。

肉加熱時のワインの使用については、調理用ワインを売り込みに行ったついでに見せてもらった、某大手ホテルの厨房で、コックさんが半端ではない多量のワインを使って肉を調理していたことは強烈な印象として残っています。

生臭みの抑制に関しては、エタノールに生臭みのマスキング効果があるため、みりん、日本酒などでも抑制効果が知られています。ワインには、それに加えて、消臭効果が知られているタンニン、有機酸、ジエチルスルファイドなども含まれるので、効果はさらに大きくなるようです。

例を挙げれば、魚のジメチルアミン(魚臭の本体)やトリメチルアミン(魚の生臭みである「アミン臭」の本体。魚に存在するトリメチルアミンオキシドが保存中に細菌によって変化し、トリメチルアミンが生じる)などは、レモン果汁でも消すことができますが(クエン酸、ビタミンCの効果)、ワイン中のタンニン、有機酸、ジエチルスルファイドによっても消去が可能です。

また、食品素材全般として、調理前、調理中に脂質の酸化で生成するn－ヘキサナール、2－ヘキサナールなどのアルデヒド系(CHO基を持つ化合物の総称)の臭いも、タンニンのヒドロキシ基(OH基。タンニンはポリフェノールなので、多くのOH基を分子内に持つ)などとの反応で消去が可能です。

ワインの調理効果とはある意味で逆行しますが、ワインによって生臭みが発生する場合があります。

魚介類を食べる時にワイン（特に赤ワイン）を飲むと生臭く感じた経験をお持ちの方は、少なくないと思います。この原因が比較的最近明らかになりました（「J.Agric.food Chem」p.550－556、2009）。ワインには鉄が含まれていますが、そのうち、二価鉄イオン（二つの＋電荷をもった鉄イオン）が魚介に含まれる脂質の酸化を促進し、生臭さを有する2，4－ヘプタジエナールという化合物を生成するからです。

一般に、赤ワインの方が白よりも鉄含量が高いので、魚介類と赤ワインを一緒に食すとこの生臭みを感じることが多いようです。逆に言えば、赤ワインでも鉄含量が低いものは、この生臭みをあまり作りません。また、白ワインでも、鉄を多く含むものは、生臭みの原因となります。

日本の白ワインの主力品種である甲州種の白ワインは、概して、鉄含量が低いので、魚介類には合うと思います。もっとも、筆者は、魚介類を食べる時に、そこまでしてワインを飲む気は全くありません。迷わず、日本酒です。

この生臭みですが、油を使って調理すると、生臭みが軽減されることも明らかになっています。

日本の主力品種「甲州」

Column 9

ワインのヘビーユーザーは日本酒もお好き

商売柄、色々なホテル、レストランでワイン会の講師を頼まれることが頻繁にあります。ほとんどの参加者がワインのヘビーユーザーです。そのような機会に、参加者に、「ワインの他にどんなお酒が好きですか?」と聞いてみると、80%ぐらいの確率で日本酒という答えが返ってきます。

日本酒の市場はごく最近まで低下傾向を続けてきました。特に若い世代による消費は非常に低いようです。筆者も某ビール会社に勤務していた頃、新入社員研修でのワインの講義を4年間経験しましたが、その時に、新入社員に、どんなお酒を飲んだ経験があるかをヒアリングしたところ、4年間で、日本酒を飲んだ経験のある人はほぼ皆無でした。酒類メーカーに入ってくる人たちがこのあり様では、他は推して知るべしです。

ここ2年ぐらいで、日本酒の消費は下げ止まり、大手酒造メーカーの日本酒よりも、全国の地酒が好まれる傾向があります。ただ、普通酒比率の減少（吟醸酒、純米酒比率のアップ）、燗酒《かんざけ》を飲む人の減少など、将来に不安が残るような現象も見られます。

吟醸酒に関しては、原料米の精米歩合（米の表面を削って元のコメの何％を残したかを表す数字）が50％未満のもの、中には30％ぐらいまで精米したものも出回っています。これらの吟醸酒に対しては、ヘビーユーザーの意見は、完全に二つに分かれます。

精米が必要な理由にさかのぼりましょう。

米は表面に近い部分（ヌカ部分）ほど不飽和脂肪酸と呼ばれる脂肪酸を多く含んでいます。この脂肪酸は、清酒酵母が発酵する際に作るフルーティーな香り成分の生成を邪魔するので、表面を削って不飽和脂肪酸を減らす必要があります。ただ、ものには限度があります。この本来の目的のためには、精米歩合は50％で十分です。

それ以上削ると、多少香りが強くなるかもしれませんが、アミノ酸などの味成分が減ってしまうので、旨みの少ないスカスカの日本酒になってしまいます。

日本酒ヘビーユーザーにとっては、どちらを取るか？　頭の痛いところでしょう。

それはともかく、我が国の国酒である日本酒をもっと大事にしてゆきたいものです。一方、輸出は増えていて、環太平洋経済連携協定（ＴＰＰ）が発効するとアメリカ、カナダなどでの日本酒輸入関税が撤廃されるという追い風はありますが、最も重要な、国内での飲み、普通酒や燗酒の復活に期待したいと思います。

Chapter 5

…

知っておいて損はない
ワインの製造に関する知識

テロワールって何？

最近、「テロワール」という言葉をよく聞きます。この語源は、ラテン語の「Terra（大地、土地）」になります。英語のTerritory（領土）、The Mediterranean（地中海）なども、このラテン語を起源としています。色々ややこしいことをいう人もいますが、一言でいえば、テロワールはブドウの栽培環境と言ってよいでしょう。

土壌、気候、日照時間、立地、土壌中の微生物や小動物、ブドウ畑に生息してブドウの果皮表面に付着する微生物などがその要素になります。なかでも最も重要なのは、土壌と日照時間です。

土壌

土壌の条件には、土壌粒子（砂礫《されき》、粘土など）の比率や土壌中の隙間比率などの物理的条件（共に、土壌の排水性に影響）と、アルカリ性土壌か酸性土壌か？ 必要な栄養素や微量元素の含有量などの化学的条件の両面があります。

この中でワイン用ブドウの品質にとって最も重要なのが物理的条件です。一言でいえば、土壌の排水性のよいことが、良質のワイン用ブドウを得るために最も重要な条件になります。この理由は、ワイン用ブドウ品種は、大部分が、乾燥地を原産地とする欧州系品種なので、乾燥を好む（余剰の水分を嫌う）からです。

なぜ乾燥を好むのか？ というと、根が活発に呼吸して、成長するために多量の酸素を要求するからです。この酸素は土壌粒子の隙間に存在して（隙間には空気があり、その約20％が酸素）、根の呼吸に使用されます。

しかしながら、降水量が極端に多かったり、土壌の排水性が悪かったりすると、その土壌粒子間の隙間に水がたまり、空気が追い出されます。結果として、酸素不足のために、根の呼吸が不活発になり、ブドウ果実が良好に成熟できなくなります。

さらには、酸素不足になると、呼吸によって十分なエネルギー（実際にはエネルギーの放出、貯蔵を制御する「エネルギー通貨」であるＡＴＰ[17]）が得られなくなるため、酸素を必要としない経路（解糖系と呼ばれる）で糖を分解して、ＡＴＰを合成し、エネルギーを確保しようとします。この経路の場合は、結果として乳酸が蓄積します。

これと同じ現象は、ヒトでも起こります。

例えば、元陸上部の筆者として例を挙げるとすれば、陸上競技で最もハードな競技の一つである４００ｍハードルです。

はじめのうちは酸素があるため、筋肉が呼吸によってエネルギーを生産していますが（４００ｍ走では40秒までが限度とされる）、途中から酸素が不足して、筋肉が解糖系でのエネルギーに頼るため、乳酸が発生し、乳酸濃度がある程度以上になると筋肉が動かなくなります。そのために、４００ｍハードルでは、第9ハードルと最終の第10ハードルで大きな波乱が起こる場合が多いようです。

前に触れたように、土壌の排水性が悪く、ブドウの根が酸素不足になると、解糖系でエネルギーを得るようになるので乳酸がたまります。この乳酸は植物にとってある種の毒性を示し、健全な成長を阻害します。

すなわち、土壌に水がたまりやすいと、ブドウは、酸素欠乏による呼吸不足のストレートパンチと乳酸によるカウンターパンチのダブルパンチを受けることになります。

さらに付け加えれば、最近の研究成果で、カベルネソービニヨンは水分ストレス状態（水が不足気味の状態）になると、アブシジン酸（植物ホルモンの一種で、休眠、成長抑制、気孔の閉鎖などを誘導する）という植物ホルモンが根から樹体に移行し、気孔を閉じて、気孔からの水分の蒸散を防ぐ（アイソハイドリック性と呼ばれる）と同時に、樹体自体の成長よりも果実の方に優先的に栄養分を供給するようになる（果実の成熟がよくなる）ことがわかってきました（畑の立地によってその程度は異なる）。

この研究が進むと、ワイン用ブドウが水分の少ない土壌でよりよいものが獲れる理由がさらに明確になってくると思います。

日照時間

次に重要なのは、日照時間の長さです。ブドウに限らず、植物にとって最も重要な生理作用は光合成です。光合成とは、ごく簡単に言えば、太陽光のエネルギーを使って、水と空気中の二酸化炭素からブドウ糖やそれが鎖状につながったデンプン並びに酸素を作る作用です。ブドウ糖と酸素から、二酸化炭素と水とエネルギー（ＡＴＰ）を生成する呼吸とちょうど反対の作用になります。

ワインの味、香りのうち、ブドウに由来する成分（香りの中の第一アロマ成分とブドウ由来の味成分）は、このブドウ糖を経由して作られます。従って、光合成が活発な方が香味成分に富んだ原料になります。

光合成には太陽の光エネルギーが必要なので、日照がない夜には光合成は起こりません。これが、日照時間が長い方がよい理由になります。

土壌中の生物

これらテロワールの二大要因に影響を与えるのが、土壌中の小動物と立地です。

小動物のなかでも特に重要なのはミミズです。ミミズは粘性物質を分泌することによって、土壌の塊（団粒構造という）を作ります。塊ができると、当然、その間に隙間ができて、土壌中の隙間比率が増え、より多くの空気を保持できるようになるため、根への酸素供給が潤沢になります。また、排水性もよくなります。ミミズもワインの品質に多大な貢献をしているのです。

立地

立地に関しては様々な影響が知られています。まず、南向きの斜面がよいとされますが、これは、南に面していることで日照時間が長く、斜面であることによって、平地より多くの日光を浴びることができるためです。

また、ブドウの良好な産地にはバレー（谷）や盆地が多いことにお気づきの方も多いと思います。これは、バレー、盆地では、昼夜の温度差が大きいためです。

ブドウの樹体は、昼間は光合成でブドウ糖さらには様々な香味成分を作りますが、夜は、太陽光がないため光合成が行えません。しかしながら、樹体を維持するための最低限の呼吸は夜も行っています（昼も呼吸は行われる）。極端な

図16　ボルドーのワイン産地

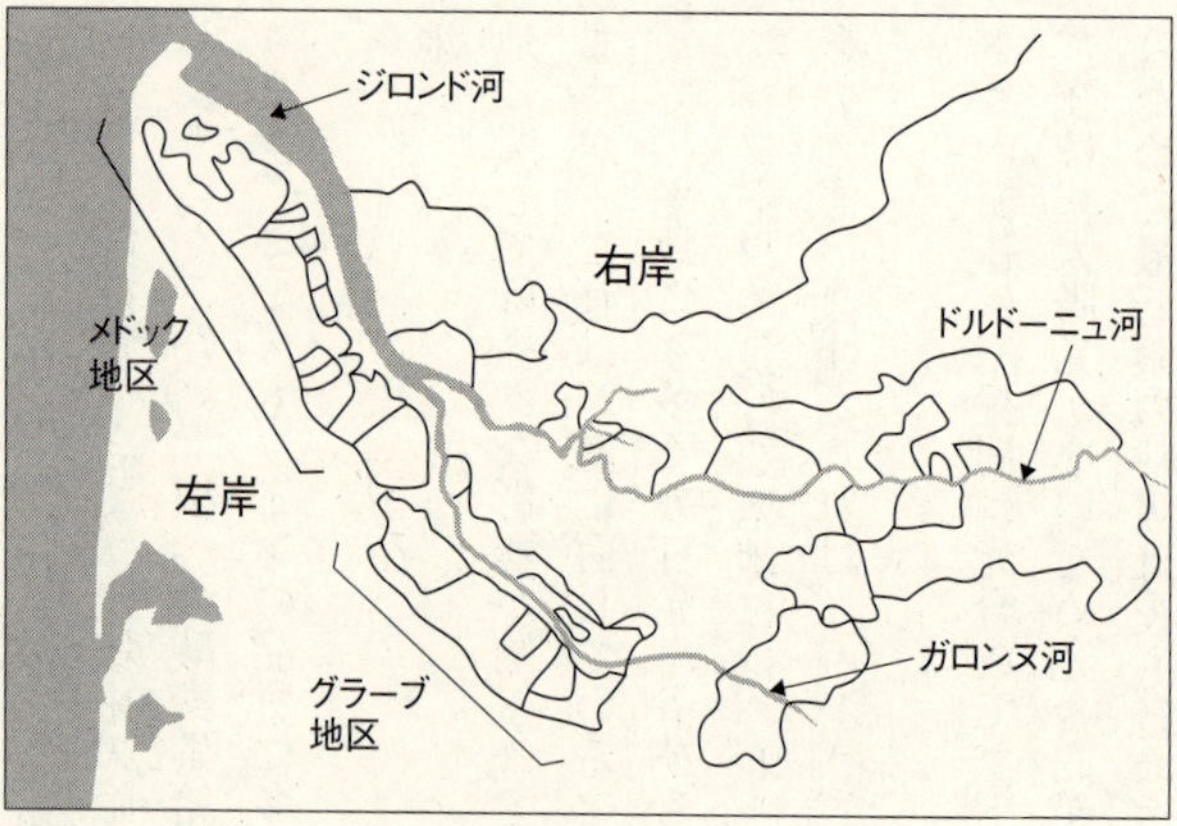

高温でない限り、呼吸は温度が高いほど活発になります。前に述べたように、呼吸は光合成と反対の反応なので、昼間せっせとため込んだブドウ糖を消費する反応です。夜、温度が下がるバレー、盆地では、夜の呼吸によるブドウ糖のロスが少なくなり、結果として、ブドウ糖からできる種々の香味成分が豊かになります。

さらには、土地の起源にさかのぼる立地条件も、ブドウ、ワインに影響を与えます。典型的な例は、フランスのボルドーとブルゴーニュです。

ボルドーの各地域の土壌条件の差は、主として、ガロンヌ河とドルドーニュ河、さらにはこの二つの河が合流してビスケー湾に注ぐジロンド河によって形成されています（図16参照）。

すなわち、ドルドーニュ河の右岸であるサンテミリオン、ポムロール、フロンサックなどとガロンヌ河、ジロンド河の左岸であるグラーブ、メドックなどの土壌差（右岸の方が粘土比率が高い）ならびに河の上下流による土壌粒子の違い（下流へ行くほど粒子は細かくなる）です。

前者は、左岸がより排水性のよい土壌を好むカベルネソービニヨンに適するのに対して、右岸ではメルロ、カベルネフランの方がよいものが収穫される理由になります。

また、メドックでは、概して下流の方が重厚なワインができますが、これは下流にゆくほど土壌粒子が細かくなるためです。

一方、ブルゴーニュのブドウ畑は、アルプスの造山活動（中生代から新生代にかけて、地中海、ヒマラヤ、環太平洋で起こった造山運動。アルプス、ヒマラヤ、ロッキー、アンデスが主要な地域）に伴って生じた地質的断層に沿って存在

図17　ブルゴーニュの断層の模式図

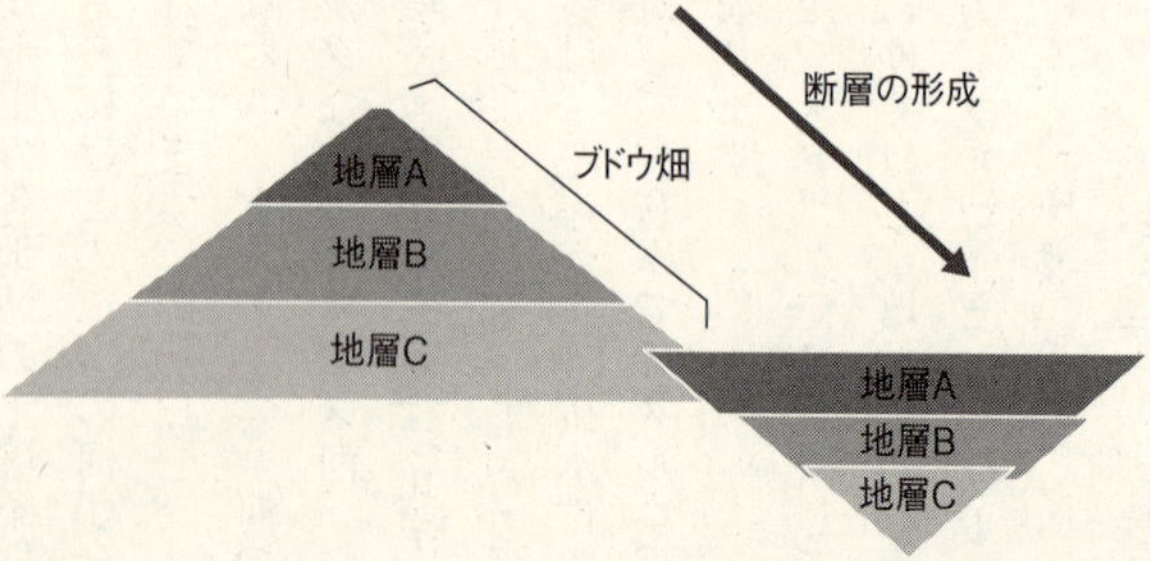

しています（多くの恐竜の化石が発見され、中生代ジュラ紀の名前のもととなったブルゴーニュの東側のジュラ山脈も同じ造山活動の産物と考えられる）。

従って、図17に模式的に示したように、断面では古くからの地層が年代順に露出しています。言い換えれば、一つの地域の中に、様々な土壌が混在することになります。ブルゴーニュの高級ブドウ畑において、場所が近いのにできるブドウのタイプが異なるのはそのためです。

ブドウ畑の移動

近年、世界的傾向として、ブドウ畑がより高緯度または高地などの冷涼な場所にシフト

アンデス山脈を望むアルゼンチンのワイナリー

しつつあります。この動きも、各ブドウ品種の特性を出すためのテロワール追求の一環になります。

高緯度地域としては、オーストラリアのクナワラ、タスマニア、ニュージーランドのセントラルオタゴ、アルゼンチンのリオ・ネグロ、チリのマウレバレー、ビオビオバレーなど、高地としてはアルゼンチンのサルタや標高1000～1500mのウコバレーなどの例が挙げられます。

テロワールに合うブドウ品種

ワイン用ブドウには多種多様な品種がありますが、長い歴史の中でそれぞれのテロワールに合った品種が淘汰されて残ってい

国名	地域名	ブドウ品種 赤	ブドウ品種 白
フランス	ボルドー左岸	カベルネソービニヨン	
	ボルドー右岸	メルロ	
	ロワール		ソービニヨンブラン
	コート・デュ・ローヌ	シラー	ヴィオニエ
	マディラン	タナ	
	ブルゴーニュ	ピノノワール	シャルドネ
ドイツ	ライン、モーゼル		リースリング
	フランケン		シルバーナー
オーストラリア	クナワラ	カベルネソービニヨン	
	ヤラバレー タスマニア	ピノノワール	
	マクラレンベール	シラーズ	
イタリア	ピエモンテ	ネッビオーロ	
	トスカーナ	サンジョベーゼ	
	カンパーニャ	アリアニコ	

表6　テロワールに合うブドウ品種

ニュージーランド	マールボロ		ソービニヨンブラン ピノグリ
	セントラルオタゴ	ピノノワール	
米国	オレゴン	ピノノワール	
スペイン	リオハ リベラ・デル・ドゥエロ	テンプラニージョ	
アルゼンチン	メンドーサ	マルベック カベルネフラン	
	サルタ		トロンテス
オーストリア	バハウ		グリューナー・ヴェルトリーナー
南アフリカ	ステレンボッシュ	ピノタージュ	
ブルガリア	中南部	マヴルッド	
	トカイ		フルミント
チリ	セントラルバレー	メルロ カルメネール	

ます。

ボルドー左岸のカベルネソービニヨン、右岸のメルロ、ブルゴーニュのシャルドネ、ピノノワール、ドイツのリースリングなどは人口に膾炙《かいしゃ》している例ですが、その他にも、いわゆるワインの新世界（フランス、イタリア、スペイン、ドイツなどの欧州のワイン主要産地以外のワイン産地。具体的には、オーストラリア、ニュージーランド、米国、チリ、アルゼンチンなどを指す）を含めて、テロワールで淘汰された品種が、それぞれの適地で光を放っています。表6に筆者の考える「テロワールに合った品種」をリストアップしました。

さらに、筆者の独断と偏見ですが、最近では、ニュージーランドのピノグリ、アルゼンチンのカベルネフラン、トロンテス、チリのメルロがテロワールに合致して、非常に良好であると思います。

このような組み合わせを憶えておくと、ワインをより楽しめるばかりではなく、ワインを安く購入することが可能になるので是非参考にしてください。

Column 10 あのシャルドネは超劣等品種の子であった

白ワイン用品種であるシャルドネは、コルトンシャルルマーニュ、シャブリ、モンラッシェ、ミュルソーなどの高級ワインの原料であるばかりか、世界中で栽培されて良質なワインを我々に与えてくれます。

ところが、最近の遺伝子解析の結果、その片親がグーエ・ブラン（ドイツ名ホイニッシュ・ヴァイス）という品種であることがわかってきました。

このグーエ・ブランという品種は、クロアチア原産の田舎品種で、中世には北、中央フランスを中心に栽培されていましたが、ワイン原料としては極めて劣等品種で、栽培が禁止されるほどでした。しかしながら、この品種は精力的で、なんと上流階級のピノノワールとの間に多くの子供をつくっていたのです。

シャルドネ、セミヨン、ガメイ、アリゴテ、ムロン（ミュスカデ）などがその子供たちですが、ドイツの中心品種リースリングもトラミナーとグーエ・ブランの自然交配でできた可能性も示唆されています。
ワイン用ブドウは生まれの良し悪しでは判断できないようですね。

Column 11

ワイン用ブドウの世界では不倫が横行

ドイツやオーストリアで広く栽培されている白ワイン用品種にミュラートゥルガウがあります。

130年以上前にヘルマン・ミュラー博士によって交配で作られた品種です。彼は、母親をリースリング、父親をシルバーナーとして育種したつもりでした。ところが、近年可能となったDNA解析技術により、父親はシルバーナーではなくシャスラー（別名、グートエーデル）であったことがわかりました。いつの間にか、母親のリースリングが、本来夫であるはずのシルバーナーに隠れて、シャスラーと不倫をしていたのです。

ワイン用ブドウの不倫はこれにとどまりません。フランス原産の品種でカベルネフランがあります。フランスではボルドー、ロワールで栽培されていますが、近年、アルゼンチンでフランスを凌駕《りょうが》するものができています。カサ・ピノ・ジャパン社輸入のアルゼンチンワインで醸造元がルティーニかミ・テルーニョのカベルネフランを是非試してください。驚くほどの品質です。

カベルネソービニヨンがこのソービニヨンブランとカベルネフランの自然交配でできた品種であることはよく知られていますが、カベルネフランはその他にも、違う相手との自然交配で、メルロ、カルメネールなども作りだしています。

さらにいえば、現在イタリアに属する南チロル地方原産のトラミナーという品種があります。アルザスなどで特によいものができますが、ドイツではトラミナーの亜種がゲビュルツトラミナーの名前で栽培されています。

この品種も、多くの自然交配種を生み出しています。ソービニヨンブラン、オーストリアのグリューナー・ヴェルトリーナーの片親であることに加えて、あの超高級品種ピノノワールもピノムニエルとトラミナーの自然交配種との説もあります。

この品種もかなり「お盛んな」品種と言えるでしょう。

ワインの発酵とは?

発酵と腐敗

「発酵」とは微生物の作用によって物質の変化が起こる現象で、「腐敗」と全く同じ現象を指します。どのように使い分けるかと言いますと、人間に都合のよい物質ができる場合は「発酵」、都合の悪い物質が生成する場合は「腐敗」と呼びます。さらには、「腐敗」の中で、酸が生じる場合には、これを「酸敗」と言っています。

「酸敗」はよく「酸化」と混同されがちですが、前者は微生物の働きで起こる生物反応であるのに対して、「酸化」は、ある物質が酸素と反応して別の物質に変わる化学反応です。

例を挙げると、ワインから酢酸菌の働きでワインビネガーができるのは、人間に有用な産物が得られるので、酢酸発酵と呼ばれます。それに対して、ワイン醸造中や保存中に野生の酢酸菌が生えて、ワイン中の酢酸が異常に増加することがありますが、これはワインの香味を損なう方向なので、「腐敗」に属して、かつ、酢酸という酸が生じるので酢酸敗と呼びます。

ワインの発酵

みりん以外のすべての酒類には発酵工程が必須になります。酒類の発酵の場合は、生成物がアルコール（エタノール）なのでアルコール発酵と呼ばれます。すなわち、ブドウ糖、果糖などの糖分が、酵母という微生物の働きで、アルコールと二酸化炭素に転換される反応です。

図18はワインの発酵を図で示したものです。酵母はブドウの中の糖分（主としてブドウ糖と果糖）を発酵して、アルコールを生成するとともに、ブドウの成分を代謝して、ワインの香味成分を作ります。酵母によって生成する香味成分が異なるので、ワイン酵母の選抜もワインの品質にとって重要になります。

ワインには辛口、やや辛口、やや甘口、甘口など種々の甘み度のものがありますが、この甘辛の造り分けも、発酵によります。

図18　ワインの発酵

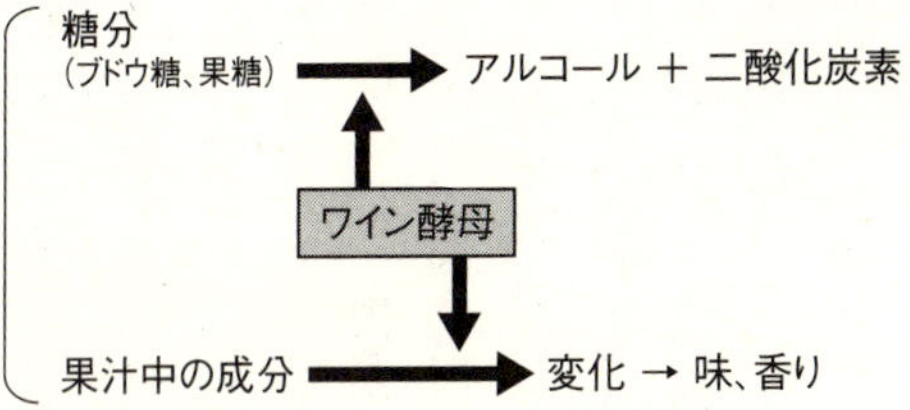

ワインの甘辛度

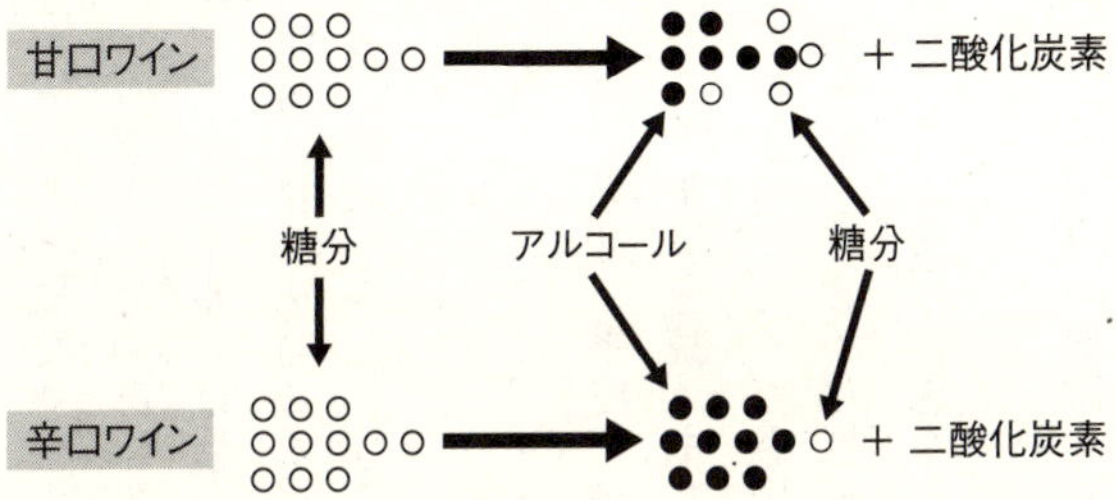

図18に示したように、ブドウ中の糖分が発酵でアルコールに変化します。従って、アルコール分が増えるほど糖分が減ることになります。発酵を完全に行ってしまえば、糖分がほとんどなく、アルコール分の高いワインになります。反対に、発酵を途中で止めてやれば、アルコール分は低いが、糖分が残ったワインになります。ワインの甘みは大部分、糖分の甘みなので、発酵をどこで止めるかによって種々の甘みのワインを造ることができます（アルコール分などは相互のブレンドで調整可能）。

１０８ページの図５に示したように、白ワインでは、ブドウ破砕後、果汁のみを発酵させるのに対して、赤ワインでは、果汁、果皮、種子を一緒に発酵させ、途中で果皮と種子を除いて、果汁のみで発酵を続けます。ロゼワインは、果皮、種子と共存する期間が短い赤ワインと考えてください。

大雑把に言えば、白ワインは果皮、種子成分がほとんど入っていないのに対して、赤ワインはそれらの果皮、種子成分（赤色、渋みなど）が十分に含まれるということになります。

Ｃｈａｐｔｅｒ４で解説したように、ワイン中の身体にやさしい成分は、大部分、果皮、種子由来なので、赤ワインの効能の方が高いとされるケースが多いのはこのためです。

なお、発酵を行ってくれる酵母に関してはコラム13でも触れていますが、真菌類です。

細菌（原核単細胞生物。真正細菌とも呼ばれる）や古細菌（アーケア。真正細菌以外の原核単細胞生物。高熱、高塩濃度など特殊な環境下に生息。好熱細菌、メタン細菌、硫黄細菌など）のような原核単細胞生物（細胞の核に明確な核膜を持たず、核の輪郭がハッキリしない生物。細菌と古細菌に分かれる）が27〜38億年前に誕生した後、15〜20億年前に真核単細胞生物（明確な核膜を有する生物。酵母、原生動物など）が出現します。

その後、10億年前の多細胞生物の出現、4〜5億年前のカンブリア紀の多細胞生物の急激な多様化（カンブリア大爆発）、カンブリア紀末期の大絶滅による淘汰を経て、現在に近い多細胞生物、さらには440万年前の猿人、16万年前のアフリカでのヒト祖先の出現につながっていきます。

赤ワインの場合には、この酵母によるアルコール発酵の後に、乳酸菌によるマロラクチック発酵と呼ばれる発酵を行う場合がほとんどです。

ブドウの中の主要な酸はリンゴ酸と酒石酸で、これらは、アルコール発酵後も赤白ワイン中に移行します。このうち、リンゴ酸は赤ワインの渋み成分と相性が悪く、酸味も強いので、赤ワインでは、乳酸菌を使用して、リンゴ酸を渋みと相性がよく酸味が柔らかい乳酸に変えるのが通常です。

また、この過程で、ワインの香味がさらに複雑になります。この発酵がマロラクチック発酵です。最近では、香味の複雑化のために、一部の白ワインでもマロラクチック発酵が行われています。

この発酵は、ブドウに付着してワインに移行し、アルコール発酵後も生存している乳酸菌を、少し温めることによって活性化して行ってきましたが、近年では市販の優良乳酸菌の乾燥品を添加するケースが大部分になってきました。

Ｃｈａｐｔｅｒ2で述べたように、最近、赤ワインでの頭痛の原因物質がチラミンという物質であり、これがこのマロラクチック発酵中に乳酸菌によって作られることが明らかになりました。そのため昨今では、チラミン生成のほとんどない市販乳酸菌が使用されるようになってきました。

マロラクチック発酵に関するトピックスをもう一つ紹介しましょう。カナダで開発育種された、アルコール発酵とマロラクチック発酵を同時に行える遺伝子組み換えワイン酵母ML01株が2006年からカナダ、米国、南アフリカで認可され、一部のワイナリーで使用されているようです。

今のところ、表示義務がないため、どこのワイナリーで使われているかは不明ですが。

この酵母菌株は、リンゴ酸を菌体内に取り込む遺伝子を、分裂酵母 *Schizosaccaromyces pombe*（ワイン酵母が出芽で増殖するのに対して、この菌は2分裂で増殖。アルコール発酵能力も有していて、アフリカの「ポンベ酒」という酒を造る酵母）から、リンゴ酸を乳酸に変えるマロラクチック発酵遺伝子を、乳酸菌 *Oenococcus oeni* から、遺伝子組み換えでワイン酵母（*Saccharomyces cerevisiae* に分類される）に、導入したものです。

これに対して、遺伝子組み換えアレルギーの欧州をはじめ、オセアニア、日本では使用を認めておらず、今後の動向が注目されています。

遺伝子組み換えで作出した微生物や作物の使用には、世界的に未だ反発が多いようですが、安全性に関するデータがそろったものに関しては、そろそろ使用を認めていかないと、人類の将来に関わる問題が起こってくるのではないでしょうか？　もっとも、このワイン酵母に関しては、特に使用する必要は感じませんが。

Column 12

赤ワインの甘口化

ここ15年ぐらいで完全にドライ（辛口）ではなく、少し糖分を残した甘みを感じる赤ワインが増えてきました。ハッキリ言って、個人的には好きではありません。

我々、大量消費者の場合は、飲んでいるうちに甘みで疲れてきてしまいます。ただ、これは大酒飲みの勝手な意見なので、気にしないでください。

もっとも、ワインの嗜好には個人差があり、自分の好きな味のものを飲むのがベストであることは、改めて強調したいと思います。

考えてみると、この甘口化傾向は米国のカリフォルニアワインから始まったように思います。ワイン品評会の審査では、一つのワインを2～3回口に含むだけなので、少し糖分があると、ボディーが実際以上にあるように感じられ、評価が実際より高くなるようです。つまり、消費者よりも品評会審査員を見ているのではないでしょうか？

個人的には、カリフォルニアワインの日本での輸入国順位が下がった一因は、この「赤ワインの少し甘口化」だと思っています。

しかしながら、米国の消費者はその味に慣れてきているようです。その結果、米国への輸出が多いチリ、アルゼンチンの赤ワインも、米国嗜好に合わせるべく、甘口化してきたように思います。

もう一度、原点に戻って、消費者を向いた味作りを考え直す時期ではないでしょうか？

Column 13 酵母と麹の話

意外と勘違いされているテーマです。よく、「麹によってアルコールが出てお酒ができる」というような文章を見かけます。この誤解を解くために、酵母と麹について若干説明します。

酵母というのは単細胞の微生物で、人と同じ真核生物に属します（細菌や古細菌のような原核生物より高等とされる）。極端に言えば、酵母細胞のようなものが、37兆2000億個集まったものがヒトになります。従って、酵母は、ヒトの老化の研究などのモデルとしても活用されています。

酒類における酵母の主要な役割は、糖分からエタノールを生成する（アルコール発酵）ことにあります。分類学的にはほとんどがサッカロマイセス・セレヴィシエという種に属しますが、その中で適性によって、ワイン酵母、清酒酵母、焼酎酵母、ビール酵母、ウイスキー酵母、パン酵母などに分かれ互いに性質を異にします（ビール酵母には別の分類のものも存在）。

ちなみに、エタノールはそれを生成する酵母にとっても毒物なので、最もエタノール生成量の高い清酒酵母でも、最高で20％ぐらいのエタノールしか生成できません。

麹とは穀類などにコウジカビを生やしたもので、米に生やせば米麹、麦の場合は麦麹と呼びます。主な役割はブドウ糖が連鎖してできているデンプン（米、麦、芋などの主成分で、そのままでは大きすぎて酵母が取り込んで発酵することができない）をコウジカビの作る酵素によって分解し（この酵素がハサミの役割を果たす）、ブドウ糖にして（この過程を糖化と呼ぶ）、酵母が取り込んで発酵できるようにすることです。

従って、麹によってエタノールは生成しません。

図19に示したように、コウジカビの酵素が働くためには、デンプンを加熱して、酵素で切れにくい形（βデンプン）から切れやすいαデンプンに変えておく（α化）ことが必要です。

ちょうど、カップヌードルにお湯を入れて3分待つと、ヌードルのβデンプンがαに変わり、ヒトの消化酵素（この場合、消化酵素がハサミの役割）で消化

図19　糖化工程

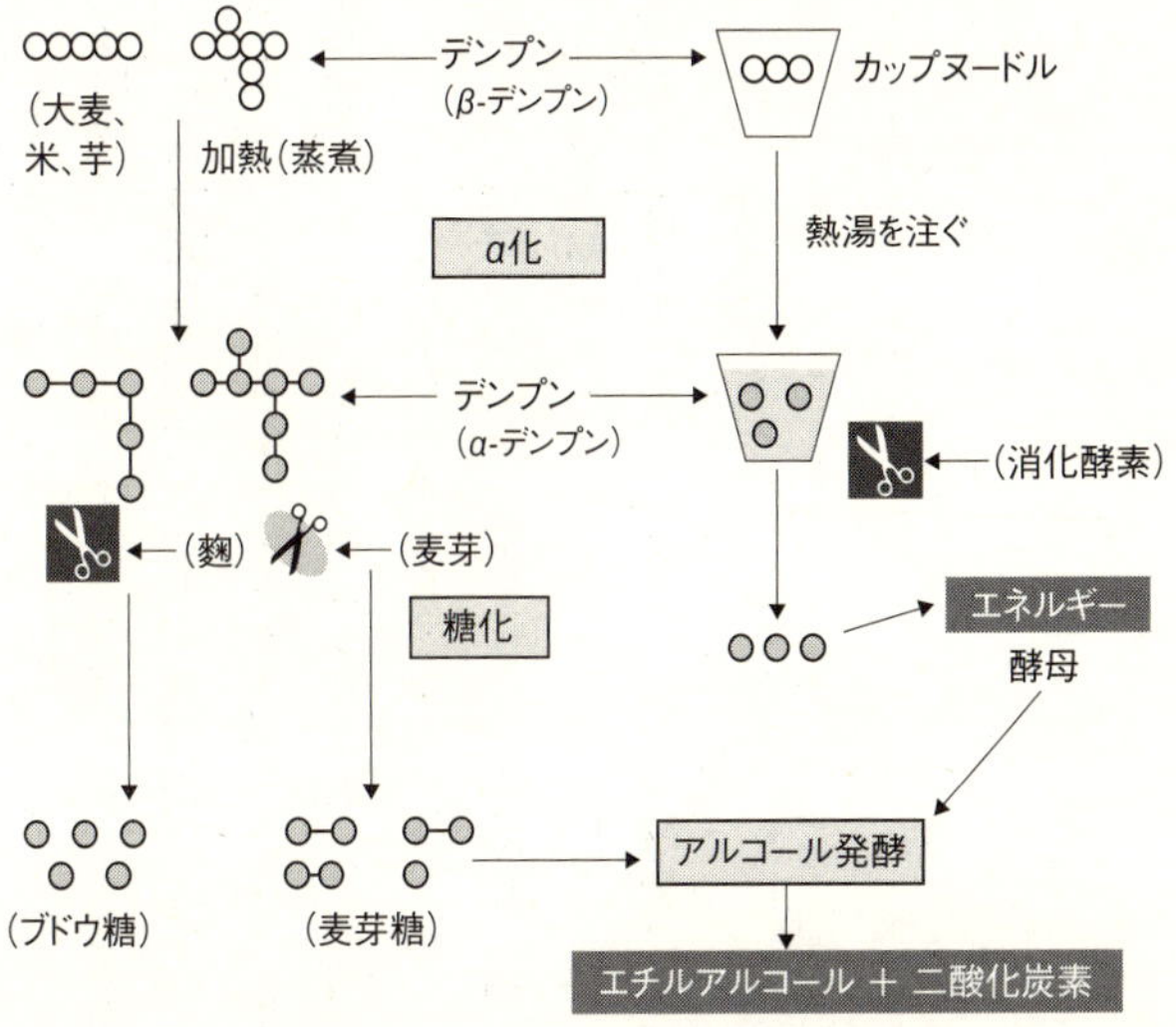
(大麦、
米、芋)
デンプン
(β-デンプン)
カップヌードル
加熱(蒸煮)
α化
熱湯を注ぐ
デンプン
(α-デンプン)
(消化酵素)
(麹)
(麦芽)
糖化
エネルギー
酵母
(ブドウ糖)
(麦芽糖)
アルコール発酵
エチルアルコール ＋ 二酸化炭素

できるようになるのと同じです。

カビ（糸状菌）というと、トリコフィトンによる水虫、梅雨時に多いトリコスポロンによるカビ性肺炎、ペットから感染し脱毛につながるミクロスポルムなどの病気やアフラトキシン、オクラトキシンなどのカビ毒を連想しがちですが、抗生物質ペニシリンを作るペニシリウム、このコウジカビなど、我々の生活にプラスになるものも数多く存在するのです。

なお、日本ではコウジカビ（*Aspergillus*）を糖化に用いますが、中国ではケカビ（*Mucor*）、クモノスカビ（*Rhizopus*）を、欧米では、カビを使わずに発芽中の大麦（麦芽またはモルトといいます）の出す酵素によって糖化を行います（ビール、ウイスキーなど）。

有機栽培ワイン、ビオワインとは？

近年、ビオワインというワインが増えてきました。この定義はあいまいですが、欧州では、有機ワインとビオディナミ農法によるワインを、ビオワインと定義しているようです。

有機ワインは、3年以上農薬、化学肥料を使用していない有機栽培畑で農薬、化学肥料を用いずに栽培、収穫されたブドウのみを原料とし、一定の基準に基づいて醸造されたワインです。

これに対して、ビオディナミ農法は、有機の栽培基準に加えて、月や星座の動きとの同調、特有な天然調合剤を用いることを特徴としています。

最近、このように栽培されたブドウを原料としたビオワインを有難がる傾向が見られますが、ビオワインの品質はどうなのでしょうか？　答えはＮＯです。

ごく一部にはよいものが見られるようになってきましたが、大部分は青臭さが感じられ、後味などもふくらみがないものが多いように思います。

その理由は、農薬を使用しない故に、ブドウが完熟する前に、カビの病気による害を受けるため、完熟前に収穫している場合が多いからです。熟度不足の原料では、よいものができるわけはありません。

また、醸造技術が未熟なケースも多いようです。さらには、ビオの場合は、人間に害を及ぼすオクラトキシンA（カビによって産生されるカビ毒の一種で、発ガン性、奇形誘発性、変異誘発性などの毒性が知られている。今、最も問題になっているカビ毒の一つ）などのカビ毒を生産するカビに汚染される可能性も高くなります。やはり、ワイン用ブドウは農薬を適正に使用して、完熟させたものを使用すべきと考えます。

なお、通常のワインでも、正しい農薬散布日程を守っていれば、農薬がワイン中に残留することはありません。筆者の2社に渡るワインの技術、開発、品質保証の責任者としての経験上も、残留農薬分析で農薬を有意に検出したことは皆無です。

前にも述べたように、ごく一部のビオワインは、品質的にかなり向上しているものも見られます。それらの場合は、例外なく、病気の防除のための並々ならぬ努力の成果と言えるでしょう。これには真摯に敬意を表させていただきます。

ビオワインとは別ですが、フランス南部のオード県で化石が発見されたアンペロサウルス（「ブドウ畑の恐竜」または「ブドウ畑のトカゲ」の意味。白亜紀後期に欧州に生息していた草食恐竜）にちなんで、「恐竜ワイン」が市販されています。「アンペロサウルス・シャルドネ」などのネーミングですが、ワインの消費者層拡大のためにはまあいいのでしょうか？

ワインの熟成とは？

ワインはできあがったあと、適正な貯蔵によって品質が上昇します。この過程を熟成（エージング）と呼んでいます。各ワインの熟成のピークに関しては個人の好みが大きく反映します。

ある人は比較的若く力があるものを、また、ある人は少し枯れ始めたぐらいのものを熟成による品質上昇のピークとして評価するので、いちいち、それに介入して言葉を差し挟むのは、遠慮したいと思います。

比較的安価なワインは、白も赤もステンレスタンクなどで熟成させるのが通常ですが、プレミアムワインは樽やビンの中で熟成させます。

ごく大雑把に言うと、赤ワインは樽で熟成後、ビンで熟成、白ワインは直接ビンで熟成させることが多いようですが、シャルドネ種の白ワインは伝統的に樽でも熟成させるケースが多々あります。また、ソービニヨンブラン種の白ワインは、ニュージーランドのように樽を使わないものと、フランスのロワールのように樽熟成を行うものの2極に分かれています。

簡単に説明しますと樽、ステンレスタンク内などでの熟成は、酸素とワイン中の成分が適度に反応（過度になると劣化）することによる酸化的熟成（酸素がある程度以上ある環境下での熟成）、ビン内での熟成（調熟またはマチュレーションとも呼ぶ）は酸素が関与しない還元的熟成（酸素があまりない環境下での熟成、酸とアルコールが反応してエステルという香り成分ができるのが主体）ということができます。

樽熟成に関して少し説明します。現在では、大部分の赤ワイン、蒸留酒（ウイスキー、ブランデー、一部の焼酎、ラムなど）の熟成にはオーク樽が用いられます。樽の材料となるオークにも多くの種類があり、熟成させるお酒の種類によって最適なオーク樽を選んで使用します（表7参照）。

例えば、高級赤ワインには、最も高価なトロンセが、高級ブランデーは、熟成に酸素を多量に要求するので、目の粗いリムザンが好んで用いられます。

さらには、これら材質に加えて、樽の内面の焼き方で、できるワイン、蒸留酒のタイプが変わってきます（表8参照）。樽の焼き方には弱火でゆっくり内面を焦がすトースティングと強火で焼くチャーリングの2通りがあります。前者はワイン用樽、後者は蒸留酒用樽に適用されます。

オーク樽は、「最も適度な酸素を供給する容器」と考えてください。適度な酸素を供給することによって、ワイン成分と酸素の反応、酸素存在下での、縮合型タンニン、カテキン類、アントシアニン（用語解説参照）などのアセトアルデヒドを介した重合（図20の模式図参照。これは、全体の反応の中の一部だが、モデルとして挙げておく）、縮合型タンニンの分解、縮合型タンニンとアントシアニン（赤ワインの赤色の本体）の反応などが起こり、味のマイルド化、赤色の安定化などが誘導されます（従来、赤ワインの熟成は、縮合型タンニンが重合によって大きくなることによると考えられていたが、近年では、そうではないとい

表7　オーク樽の種類

☆ヨーロッパオーク

・セシルオーク（*Quercus petraea*）

トロンセ、アリエ、ネヴァース、ヴォージュなど。木目が細かく、アロマに富む。

オークラクトン含量はイングリッシュとアメリカンの中間。

・イングリッシュオーク（*Quercus robur*）（ヨーロッパナラ）

リムザン、クロアチア産スラヴォニアオーク。木目は粗く、タンニンをはじめとするポリフェノールを高含有。オークラクトン含量は非常に低い。

☆アメリカンオーク（ホワイトオーク）（*Quercus alba*）

オークラクトン含量が高い。バニラ香が出やすい。

タンニンが少ない。

☆チャイニーズオーク（*Quercus mongolicus*）

スペインなどで使用されている。

☆ジャパニーズオーク（*Quercus crispula Blume*）（ミズナラ）

日本で近年、ウイスキーに使用されている。

表８　樽の焼き方

＊チャーリング（蒸留酒用樽）
・ライトチャー
・ミディアムチャー（ウイスキー、焼酎ではこれが多い）
・ヘビーチャー（バーボンに適用）

＊トースティング（ワイン用樽）
・ライト（L）
・ミディアム・オープン（MO）
・ミディアム（M）：ワインでは最も多い
・ミディアム・プラス（M＋）：アロマの強いワインに適する
・ミディアム・ロング・オープン（MLO）
・ミディアム・ロング（ML）：シャルドネ、ソービニヨンブラン、赤ワインに適する
・ミディアム・ロング・トラディション：白ワイン、シュールリー法に適する

注：トラディショントースティングは密閉状態で焼くのでトースト香が強い。通常のトースティングはフタをして行う。オープントースティングはフタをしないで焼く。

図20　タンニン熟成の例（模式図）

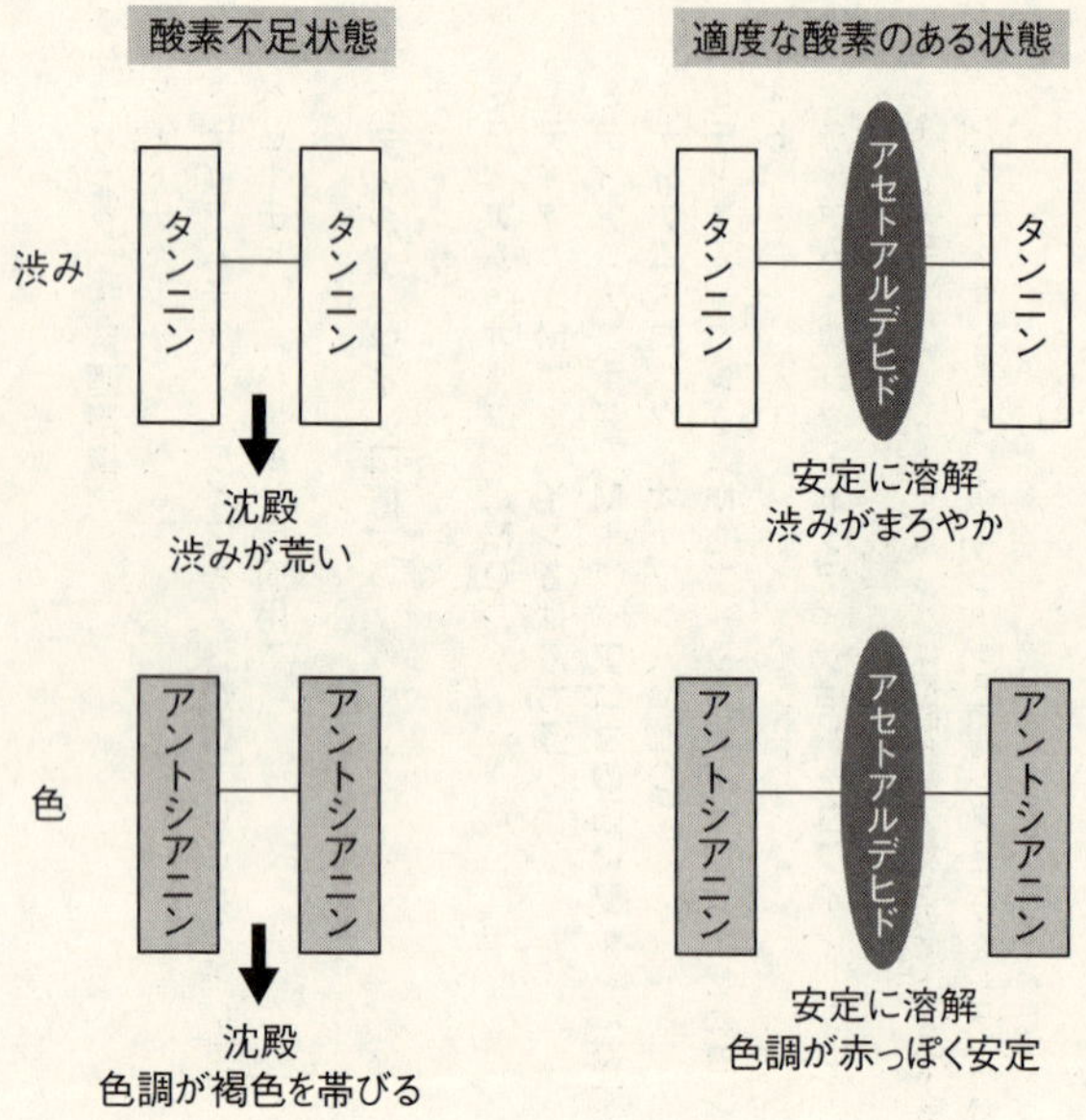

う説が有力)。

それと同時に、樽材からの樽成分の溶出が起こり、ワインに複雑な香味が付け加わります。トースティング、チャーリングなどは、樽香(オークラクトンという樽成分に由来)が出過ぎないように、また、ある種の樽の好ましい成分の溶出を促進するために行うのです。

以上のように、樽はワインの熟成にとって重要なツールですが、プレミアムワインでは、発酵を樽内で行う樽発酵も盛んに行われています。樽発酵の場合は、発酵を担う酵母が樽の表面を覆うため、樽からの成分溶出が適度に抑えられ、かつ、樽からの溶出成分が酵母によって代謝変換されることによって、香味のマイルド化が起こります。

このように、ワイン製造にとってのオーク樽の重要性をご理解いただけたと思います。

20年ほど前から、フランスのマディラン地方で考案されたマイクロオキシジェネーションという新しい熟成方法が使われ始めました。これは、発酵の後期か発酵後からワインにごく微量の酸素を連続的に送ることによって熟成を早める方法です。この方法によって、前述の縮合型タンニンの反応が促進されますが、樽熟成の効果には及ばないようで、この処理の後、樽熟成を行うケースも多いようです。

上述のように、赤ワインの熟成には縮合型タンニンが主役を果たしています。

縮合型タンニンはブドウ果皮、種子に由来しますが、果皮タンニンの方が種子のそれに比べて味が柔らかいことがわかってきました。それに応じて、発酵前、発酵中に、種子由来縮合型タンニンよりも果皮由来縮合型タンニンを優先的に抽出する方法（デレスタージュ、フラッシュデタントなど）も考案されていますが、専門的になるので省略します。

発泡性ワインの泡はどこから来るか？

このところ、特に女性の間で、「泡（アワ）」と称して、スパークリングワインが好まれる傾向があるようです。泡オタクも増えているようです。

図21に示したように、スパークリングワインには、ビン内2次発酵（223

表9　各国のスパークリングワイン

1. フランス
シャンパン、ヴァンムスー、クレマン、ペティヤン（弱発泡性）

2. スペイン
カヴァ、エスプモーソ（弱発泡性）

3. ドイツ
ゼクト、シャウムヴァイン、パールヴァイン（弱発泡性）

4. イタリア
スプマンテ、プロセッコ、エスプモーソ（弱発泡性）
ランブルスコ（微発泡性）

ページ参照）で造られるもの（シャンパン、カヴァ、クレマンなど）、タンク内2次発酵で造られるもの（ゼクト、アスティスプマンテなど）、二酸化炭素をワインに吹き込むもの（国産スパークリングワインの大半）の3種類が存在します。

二酸化炭素のガス圧は、20℃で、シャンパン、カヴァは5〜6気圧、クレマンは3〜3・5気圧、ゼクト、アスティスプマンテは3〜4気圧、国産のガス吹き込みスパークリングワインは2・5〜3・8気圧程度になります。

これらに加えて、ガス圧1・5〜2気圧ぐらいの弱発泡性ワインやランブルスコのような微発泡性ワインも、広い意味で発泡性ワインのカテゴリーに属します。

製造方法（図21参照）は、まず、通常通りワインを造り（1次発酵）、そのワインに糖分と必要に応じてシャンパン酵母を加えて、ビン内またはタンク内で密閉して再びアルコール発酵（糖分➡アルコール＋二酸化炭素）を行います（この発酵を2次発酵と呼ぶ）。

1次発酵では生成した二酸化炭素は空気中に逃げますが、2次発酵では、容器が密閉されているため、二酸化炭素は飛散せず、容器中のワインに溶け込ん

図21　スパークリングワインの製法

ブドウ糖、果糖→（発酵（1次発酵）*1）→ワイン→（2次発酵*2）→スパークリングワイン

←

*1：酵母によって、糖分（ブドウ糖、果糖）→アルコール（エタノール）＋二酸化炭素（飛散）

←

*2：酵母によって、加えた糖分（砂糖など）→アルコール＋二酸化炭素（液中に残る）
（ビン内またはタンク内）

←

スパークリングワイン

2次発酵をビン内で行う：ビン内2次発酵（シャンパーニュ法）→シャンパン、カヴァ、クレマンなど

2次発酵をタンク内で行う：タンク内2次発酵（シャルマ法）→ゼクト、アスティスプマンテなど

二酸化炭素吹き込み法：国産スパークリングワインなど

でゆきます。これが、発泡の正体です。

このような、2次発酵による二酸化炭素ではなく、簡便に、二酸化炭素をボンベからワインに吹き込んで造る安価なスパークリングワインも存在します。

スパークリングワインの品質は泡が細かく、いつまでも立ち続けるものがよいとされていますが（シャンパングラスが細長いフルート型なのは、泡を見やすくするため）、この観点からすると、ビン内2次発酵のものが最良、次いでタンク内2次発酵で造られたものの順になります。二酸化炭素を吹き込んだものは、泡が粗く、数分で泡がなくなるものが多いので、宴会で乾杯の音頭を取る人が少し長く話をすると、乾杯の時には泡がなくなっています。

スパークリングワインの泡について話の種を少し提供しましょう。

シャンパンを例にとります。シャンパンは開ける前には全く泡が見えません。これは、二酸化炭素などの気体は圧力が高くなるほど溶けやすくなるので（ヘンリーの法則）、圧力が5〜6気圧のビン内では、二酸化炭素はすべて溶解しているからです。

栓を開けると、圧力が大気圧（1気圧ぐらい）と等しくなるので、二酸化炭素の溶解度が急激に下がり、溶けていた二酸化炭素のかなりの部分が放出されます。放出される二酸化炭素の約80％は開栓と同時に大気中に飛散し、残りの20％ぐらいが泡となって徐々にワイン中を上昇します。

二酸化炭素が泡になるためには、まず、泡の核ができる必要があります。

核ができるためには、グラスに微小なほこりやゴミ（眼に見えないくらいの大きさ）が付いていて、半径0・2㎛（1㎛〈マイクロメートル〉は1㎜の1000分の1）以上のエアポケットができることが必要です。その証拠に、グラスを超純水などで十分に洗ってしまうと、核ができないので、泡が生成しません。

エアポケット内でできた二酸化炭素の泡の核は徐々に成長し、10～20㎛ぐらいになると、泡の重力＋液体分子を結びつけるファンデルワールス力（これらの力は下および横に向かって働く。ファンデルワールス力は、分子間に働く弱い引力のこと）よりも浮力（上に向かって働く）が優位になり、グラス中を上昇していきます。

上昇中に、周囲のワインから泡の内部に二酸化炭素が蒸発して取り込まれ、上に行くに従って泡が大きくなってゆくので、浮力が増し、上昇速度が速くなってゆきます。

これが、スパークリングワインの発泡の原理です。是非憶えて、飲み会などで能書きをたれてください。

シェリーって何?

シェリーという名前は知っている人が多いと思いますが、それがどういうお酒か? と聞くと、あまりよくわからないという回答が返ってくる経験が多々あります。

シェリーは一言でいえば、スペインのワインの一種です。その中には、製造方法の違いにより、フィノ、アモンチラード、マンサニージャ、オロロソ、パロコルタード、モスカテル、クリームシェリーなどの分類がありますが、ここでは、シェリーの原点であるフィノ、アモンチラードに関して説明したいと思います。

シェリーはワインの仲間ですが、以下の点で、通常のワインと少し異なっています。

(A)ワインの発酵終了後、ブランデーを加えてアルコール度を上げる(15～15・5%)。これは、発酵を行った酵母の活性を抑制し、産膜酵母の増殖を優位にするためです。

(B)アルコール添加後、樽に詰めて、表面に産膜酵母(フロール酵母と呼ぶ。分類的には、通常のワイン酵母と同じだが、細胞表層が水になじみにくいため、ワインの表面に浮く性質がある)を生やした状態で熟成します(バイオロジカル・エージングと呼ぶ)。この過程で、フィノ、アモンチラードに特有な香気成分(アセトアルデヒド、アセトインなど)が産膜酵母によって生成します。

(C)アモンチラードの場合は、熟成後、さらにブランデーを加えて、アルコール分を18%ぐらいにして、熟成を継続させます。

(D)スペイン・アンダルシア地方のへレス周辺の特定された地域で製造したものしか「シェリー」と呼べません(原産地呼称統制法)。

シェリーは、ヘレス地方特有なアルバリサと呼ばれる土壌（炭酸カルシウム、粘土、二酸化ケイ素に富む土壌）で生育したパロミノ、ペドロヒメネス、モスカテルの3品種を原料として造られます。

フィノ、アモンチラード、マンサニージャ（フィノと同じ製法だが、ヘレス地方内のサンルーカル・デ・バラメダ地域で製造されたもののみがこの名前を使用できる）は、主として食前酒として、世界的に愛用されています。クリームシェリー、モスカテルは甘口のものが多く、食後酒として飲まれることが多いようです。

残念ながら、我が国では、シェリーの消費はまだまだ少ないのが現状です。価格も決して高くないので、辛口のフィノなどを食前に試してみてはいかがでしょう？

食事に行った時に、「まず、ドライフィノを下さい」というと、レストラン側は、「こいつはできるな」と思って、サービスがよくなることは請け合いです。

エンディング——ワインは気楽に！

日本では、まだ、酒類の中で、ワインのみが特別なものと考える風潮があると思います。本書では、一貫して、それを否定してきました。

「ワインはよくわからない」という人も数多くいますが、ワインを飲むのに能書きは不要です。酒を飲むのに、「わかっている」必要は全くないと思います。ビール、日本酒、チュウハイ、ハイボールなどと同じように、気楽にワインを楽しみましょう。ワインの選定も合わせる料理も個人の自由。我慢比べをやっているわけではないので。

本書で触れたようにワインでは、あわよくば、身体にやさしい効果が期待できます。

ただ、ワインもアルコール飲料（大雑把に言って、アルコール分は12～14％）。飲み過ぎには十分ご注意を。この面では、筆者は説得力がないかもしれませんが。

最後に、図の一部の作成をお願いしたアサヒビール株式会社マーケティング

本部　宇都宮斉氏に心より御礼、感謝申し上げます。また、写真をご提供いただいたサントネージュワイン株式会社、株式会社カサ・ピノ・ジャパンに深謝致します。

では、書き終えたところで、ソウルミュージック、Ｓａｍ＆Ｄａｖｅの「ＳｏｕｌＭａｎ」を聞きながらこの本のエンディングとしたいと思います。

「Coming to you on the dusty road……I'm a soul man……」

用語解説

①ナトリウム・カリウムポンプ

Na^+／K^+－ATPアーゼとも呼ばれ、ヒトではすべての細胞の細胞膜に膜を貫通した形で存在します。ATP（ヒトにおけるエネルギー通貨）を分解して、そのエネルギーを使って、ナトリウムを細胞外に押し出し、カリウムを細胞内に取り込むことによって、細胞内のナトリウム濃度を常に細胞外より低くしている他、神経伝達にも重要な機能を果たしています。

②ミトコンドリア

ヒトをはじめとする、真核生物の細胞に存在する細胞内小器官で、呼吸を行ってエネルギー（ATP）を産生するのが主な役割。ミトコンドリアにはDNAが存在し、他の細胞内小器官と異なって独自のDNA、タンパク質合成機能を有しています。遺伝の際にミトコンドリアは必ず母方から受け継ぎます（母系遺伝）。

③ポリフェノール類、縮合型タンニン

ポリフェノールとは、分子内に複数のフェノール性ヒドロキシ基（ベンゼン環な

どの芳香環の結合したOH基）を持つ植物成分の総称で、植物を紫外線から守る働きを主としています（ヒトの場合は、メラニンが、ヒトを紫外線から守っている）。

ブドウ（ワイン）中のポリフェノールは以下に分類されます。

1．フラボノイド
＊フラボノール：ケルセチン（抗酸化活性が強い）など
＊アントシアニン：赤ワインの赤色の主成分
＊タンニン：ワインの味、熟成にとって最も重要
・縮合型タンニン（プロアントシアニジン）
・加水分解型タンニン：エラグ酸、没食子酸など（ブドウに存在する他、オーク樽から出てくるタンニンは加水分解型タンニン）
・カテキン：簡単に言うと、お茶のタンニンの主成分。二つ以上重合したものがプロアントシアニジン

2．非フラボノイド
ヒドロキシケイ皮酸、スチルベノイド（レスベラトロールなど）。
バニラ香の主成分バニリンも広義の非フラボノイドタンニン。

④エンドセリン
エンドセリンは日本で発見されたホルモンで、強力な血管収縮作用を有します。高血圧や動脈硬化の場合、一酸化窒素産生が低下するとともに、エンドセリン産生が増加し、血管内皮の機能が低下して、症状を悪化させます。

⑤一酸化窒素（NO）
一酸化窒素は、自動車の排出ガス、ボイラー、焼却炉、石油ストーブなどを発生源として、大気汚染の元凶の窒素酸化物（NOX）として忌み嫌われていますが、人体の健康にとっては非常に重要な役割を持つことがわかってきました。生体内では、一酸化窒素合成酵素（NOS）によってアルギニンと酸素から合成され、血管拡張作用を通じて動脈硬化の防止さらには神経伝達物質としても機能しています。

⑥細胞周期
細胞が細胞分裂によって二つの細胞になる時の現象ならびに周期のことを言います。
以下の期間に分かれています。

＊G0（ギャップ0）期：細胞が分裂を止めている時に入る休止期。
＊G1期：細胞の成長期。G1チェックポイントでDNA合成の準備が適正にできているかどうか？　チェックします。
＊S期（DNA合成期）：DNAの複製が行われます。
＊G2期：細胞は成長。G2チェックポイントで細胞分裂の準備状況をチェックする時期。
＊M期（細胞分裂期）：細胞分裂が起こります。
チェックポイントでは、ガン細胞のDNA合成、細胞分裂などもチェックを受けます。

⑦UVB

紫外線（通常の近紫外線）は波長200－380ナノメーター（ナノメーターは10億分の1メーター）に渡っていますが、波長により以下の三つに分類されます。
＊UVA（315－380）：太陽光中のUVAの約6％がオゾン層を通過して、地表に達します。皮膚の奥の真皮層まで達して、タンパク質を変性させ、皮膚の老化を促進します。
＊UVB（280－315）：太陽光由来のUVBは、UVAの10％ぐらいしか

オゾン層を通過しませんが、表皮層に作用し、日焼けを起こします。また、DNAに直接作用して、特異的な変異を誘発したり、タンパク質を直接損傷したりして、皮膚ガンの原因となるのもUVBです。

＊UVC（200-280）：オゾン層を通過できないので、地表には達しません。

紫外線のうち、生体に対する害が最も大きく、オゾン層破壊が進んで、地表に達することが懸念されています。

⑧アポトーシス

生体内で、調節・管理された計画的な細胞の自殺をアポトーシスと呼びます。発生の過程（オタマジャクシのシッポが無くなるなどもアポトーシスによる）やガン細胞の除去（ガン抑制遺伝子p53などが指令）などに役立っています。この計画的細胞死に対して、熱、光などで起こる細胞死をネクローシスと呼んでいます（いわゆる事故死のようなもの）。

⑨マイクロRNA

細胞内にある小さなRNAで、タンパク質の合成に関与していません（non-coding

RNA)。タンパク質合成のための情報を持っているメッセンジャーRNA(m-RNA)と結合してタンパク質合成(m-RNAの翻訳)を阻害することによって、様々な機能を示します。

ガン細胞はエクソソームという小胞を血液などの体液中に出していて、その中にそれぞれ特有なマイクロRNAが含まれているため、血液検査でマイクロRNAを調べれば、ガンの種類が推定できます。

ガン抑制遺伝子p53は、ガン細胞の細胞周期の停止、アポトーシスの誘導を行うとともに、このマイクロRNAの生成過程を制御して、ガン化を抑制しています。

⑩カルシトニン遺伝子関連ペプチド(CGRP)

CGRPは神経系などに存在するペプチド(タンパク質と同様に、アミノ酸がつながったものだが、タンパク質よりアミノ酸数が少ないものをそう呼ぶ)で、細胞内のサイクリックAMP(c-AMP)濃度を上昇させることによって、血管を拡張する作用を示します。また、反面、片頭痛の原因成分としても知られています。

⑪テロメア

テロメアは、染色体の末端に存在して、染色体を保護しています。細胞分裂のたびにテロメアは少しずつ短くなって、ある長さになると細胞はそれ以上分裂できなくなります(細胞の寿命)。

生殖細胞やガン細胞では、テロメアを合成するテロメラーゼという酵素が機能していて、テロメアの短縮を防いでいるので、無制限に細胞分裂できるのです(生殖細胞の場合は、ある段階で、テロメラーゼが機能しなくなる)。

⑫Sirt1
酵母、線虫、ショウジョウバエなどではSir2という長寿遺伝子(サーチュイン遺伝子)が存在し、普段は機能していませんが飢餓やカロリー制限などで活性化し、寿命を延長する機能を果たします。

ヒトを含む哺乳類では、Sirt1からSirt7までの七つのサーチュイン遺伝子が存在しますが、その中で、Sir2に最も類似した機能を持つものがSirt1遺伝子です。

このSirt1遺伝子はカロリー制限によって活性化しますが、レスベラトロールによっても活性化が可能であることがわかっています。ただ、赤ワイン中のレスベラトロール含有量は低いので、赤ワインにその活性化効果を求めるのは不可能です。

⑬ペニシリン

1940年頃にアオカビ*Penicillium notatum*が生成するベンジルペニシリンが発見されました。ペニシリンは、分子内にβ-ラクタムという構造を持つ抗生物質で、細菌の細胞壁の主要成分であるペプチドグリカンの合成を阻害することによって、種々の細菌に対して、殺菌作用を示します（静菌作用も多少ある）。細菌は、細胞壁が薄くなることによって、浸透圧で外液が細胞内に流入し、溶菌して死滅します。

ベンジルペニシリン以降、様々なペニシリン系抗生物質が発見、合成され、細菌感染症に使用されています。

⑭アクチン、ミオシン

アクチンとミオシンは筋肉収縮に主要な役割を果たす収縮タンパク質で、筋肉中のタンパク質の80％を占めています。筋肉に刺激が伝わると、ミオシンの太いフィラメント構造の間にアクチンの細いフィラメントが滑り込むことによって筋収縮が起こります。

肉を加熱するとアクチンとミオシンが変性してアクトミオシンができます。アクトミオシンの形成は肉の硬化につながるので、加熱温度、時間が重要になります。

⑮ミオゲン、ミオアルブミン、ミオグロビン

球状の筋形質タンパク質で、肉のうまみ成分を多く含んでいます。この成分は、同時にアクの原因ともなり、アクの取り過ぎは禁物です。肉の臭みも多く含んでいます。ソーセージでは筋原繊維のツナギになります。

なお、ミオグロビンは、必要時の備え、酸素を貯蔵する役割を担っています。

⑯コラーゲン、エラスチン

コラーゲンは硬い繊維状のタンパク質で、主に結合組織に存在し、筋肉では筋繊維の束を結びつける役割を果たしています。エラスチンはコラーゲンの繊維を支える役割を持っています。従って、コラーゲン、エラスチンが多いほど肉は硬くなります。

コラーゲン、エラスチンは加熱により収縮して硬くなりますが、さらに加熱すると変性してゼラチン化します。シチューなどの調理方法はその典型です。

ちなみに、筋原繊維タンパク質、筋形質タンパク質は必須アミノ酸を豊富に含みますが、コラーゲン、エラスチンにはシスチン、システイン、トリプトファンは含まれません。

⑰ＡＴＰ（アデノシン三リン酸）
ＡＴＰは、解糖（ブドウ糖をピルビン酸などに変えることによって、ブドウ糖の持つエネルギーを利用しやすくする工程）、クエン酸サイクル（それを使ってエネルギーを生産する役割）、電子伝達系（好気呼吸の最終段階で、ＡＴＰを生成する工程）を経て作られる高エネルギーリン酸化合物で、生体のエネルギー貯蔵、放出を担っているので、「生体のエネルギー通貨」と呼ばれています。３個のリン酸の１個が外れるごとにエネルギーが放出され、そのエネルギーによって筋肉の活動などが行われます。

⑱バイオジェニックアミン（生理活性アミン）
ヒスタミン、チラミン、プトレシンなど生体内でアミノ酸から生成するアミン類の（アミノ基ＮＨ^{2}を持つ有機化合物）の総称です。様々な機能を持っていますが、多くは血圧上昇、頭痛など生体にとって望ましくない機能です。

⑲モノアミンオキシダーゼ
モノアミンとは、アミノ基を一つだけ持つアミンのことです。セロトニン、アドレナリン、ノルアドレナリン、ヒスタミン、ドーパミンなど、生体内で神経伝達

物質として機能しているものが多くあります。モノアミンオキシダーゼは、これらモノアミンを分解して、その機能を調節する役割を果たしています。その活性は、個人によって大きく異なると言われています。

著者紹介
清水健一（しみず　けんいち）
1948年、東京生まれ。農学博士、技術士。1976年、東京大学農学系大学院博士課程修了。同年協和醗酵工業株式会社入社、東京研究所勤務。1981から1984年までドイツ・ガイゼンハイムワイン研究所客員研究員。1986年よりサントネージュワイン（株）研究所所長。その後、協和醗酵工業株式会社の酒類開発部長、ワイン事業推進部長、門司工場長を歴任。2001年からアサヒビール商品企画本部（現マーケティング本部）理事副本部長、アサヒビール酒類本部理事担当副本部長兼理事ワイン事業部部長、食品研究開発本部理事副本部長、アサヒフードアンドヘルスケアー（株）調味料事業本部顧問を歴任。現在は、株式会社フード&ビバレッジ・トウキョウ代表取締役。
ワインへの造詣はもちろんのこと、ありとあらゆる酒類に対して深い関心と知識を持ち、同時に愛好家でもある。ドラムの腕はプロ級。1991年、日本醸造協会技術賞受賞。
主な著書に、『ワインの科学』（講談社ブルーバックス）などがある。

本書は、書き下ろし作品です。

PHP文庫 科学者が書いた
ワインの秘密
身体にやさしいワイン学

2016年11月15日 第1版第1刷

著者 清水健一
発行者 岡修平
発行所 株式会社PHP研究所
東京本部 〒135-8137 江東区豊洲5-6-52
文庫出版部 ☎03-3520-9617(編集)
普及一部 ☎03-3520-9630(販売)
京都本部 〒601-8411 京都市南区西九条北ノ内町11
PHP INTERFACE http://www.php.co.jp/
組版 朝日メディアインターナショナル株式会社
印刷所
製本所 共同印刷株式会社

ISBN978-4-569-76635-5

PHP文庫好評既刊

ちびちび ごくごく お酒のはなし

伊藤まさこ 著

酒器や道具、お酒にまつわるはなしとともに、ふだんの食卓のなかからお酒にあう49のレシピを紹介。今日はなにを飲もう？ なに食べよう？

定価 本体七四三円（税別）

PHP文庫好評既刊

感動する！ 数学

桜井 進 著

「数学は宇宙共通の言語」「ドラえもんはアインシュタインだった！」など、ワクワクする内容が盛り沢山の、数学を思いっきり楽しむ本。

定価 本体六一九円（税別）

PHP文庫好評既刊

オトコとオンナの生物学

池田清彦 著

なぜ男は鈍い？　女の話はなぜ長い？　人はなぜ嘘をつくのか？——テレビで人気の生物学者が、人間の変な習性を生物学から解き明かす。

定価　本体六三〇円（税別）

PHP文庫好評既刊

「食べない」健康法

石原結實 著

「食べないと健康に悪い」はもう古い！
いまは「食べないから健康」が常識。医師やスポーツ選手が実践する超少食健康生活を紹介する。

定価 本体四七六円（税別）

PHP文庫好評既刊

日本史の謎は「地形」で解ける

竹村公太郎 著

なぜ頼朝は狭く小さな鎌倉に幕府を開いたか、なぜ信長は比叡山を焼き討ちしたか……日本史の謎を「地形」という切り口から解き明かす!

定価 本体七四三円(税別)